365天

媽媽牌愛心早餐

365天，
天天都為孩子準備早餐的獨家秘訣

365天

媽媽牌愛心早餐 下

文字・料理　多紹媽咪

Contents

Contents

Winter PART 04

Prologue

獻給賜予我暱稱「多紹媽咪」的兩個女兒，
讓我365天日日勤奮準備早餐

我的原動力、我的兩個女兒

揹著比自己身形龐大的包包，步履踉蹌地趕往幼兒園的日子，仍像是昨日一般，然而如今孩子們的身高都已經超過媽媽了。為孩子們準備早餐至今，不知不覺已過了十多個年頭。每天一早笑容滿面地大喊「我上學去囉！」的孩子，如今只是簡短地說聲「我上學去了」，帶著眼下深深的黑眼圈，轉身無精打采地走向玄關。

一旦孩子上了小學，轉眼間就變成國中生、高中生。時間怎麼過得這麼快呢？在我看來，還只是令人不放心的小丫頭，上學時間卻比小學時要早了近一個小時，大女兒因為參加晚自習，直到深夜才能見上面。看著如此辛苦的孩子們，做母親的總是感到不捨與虧欠。

「體力就是學習力」，這種看似誇大的說法，其實所言不假。現代的孩子，除了每天一早的綜合營養素、晚餐媽媽準備的各種果汁，睡前還得皺著眉頭被迫喝下一匙紅蔘精華液。

儘管為了提高孩子的體力，有的父母甚至準備各種保健食品給孩子吃，但是卻有不少孩子以想多睡一會兒、沒有胃口等理由，忽略了真正重要的早餐。

不吃早餐便上學，那麼直到午餐時間以前，孩子都必須忍著肚子餓空腹上課。即使是大人，錯過任何一餐都會導致注意力下降、無法打起精神，何況是需要消耗大量能量的孩子，更是痛苦的折磨。其實沒吃早餐，腦中的血糖快速降低，可能產生學習能力低落的問題。若各位讀過「早餐應以蛋白質與脂肪為主，充分攝取熱量」的相關報導，將更能體會早餐的重要性。

幸好，我家的孩子們都養成了不能不吃早餐的習性。

以前我對孩子們不吃早餐相當憂心，後來買了餐盤想改善孩子輕微的偏食習慣，並且每天將當天的早餐拍照上傳至部落格，引起許多媽媽的共鳴與關注。有的媽媽對總是準備類似的早餐而感到相當抱歉；有的則坦言自己用心為孩子準備早餐，孩子卻不怎麼吃，因此大受打擊；也有的不知道該怎麼做，才能讓孩子規規矩矩地吃完早餐⋯⋯

讓孩子乖乖吃早餐的秘訣，就是讓孩子養成吃早餐的習慣。習慣應從小訓練，如果現在孩子年紀還不算大，那麼就從現在起，一步步陪著孩子適應吧！

對於不習慣吃早餐的孩子，一下子準備一桌滿滿的料理，可能會造成孩子的負擔。建議最初先從一杯牛奶或豆漿開始，等到孩子適應後，再稍微混合玉米片。再來可以嘗試加入一兩片水果，並在某天減少玉米片的份量，改以一片吐司代替，藉此營造適合吃早餐的環境。早餐時間我也會在廚房播放孩子喜歡的歌曲，如此一來，孩子心情愉快，吃早餐的同時，還會跟著哼上幾句呢！

　　在早餐餐桌上，不僅是一天中唯一一餐與孩子面對面吃飯的時間，也是可以傾聽孩子在學校發生的大小事的珍貴時間，我的女兒總是毫無保留地向我訴說關於成績、男朋友、學校朋友的困擾。當然，每天一早準備菜單不重複的早餐，對我來說並不是一件容易的事。我相信媽媽每天少睡20～30分鐘，用心良苦準備出來的充滿愛心的家常菜，對辛苦念書的孩子會是效果最好的營養品。因此再怎麼辛苦，我的身體也會在鬧鐘響起前自動起床。

　　本書匯集了過去10年來，我在張羅孩子早餐時的各種秘訣。除了區分春夏秋冬四季，善用當季食材所設計的刺激孩子味蕾的料理外，也準備了讓孩子討厭的料理變美味的秘訣、盡可能兼具五大營養素的食譜。尤其將餐點盛裝在餐盤上，是為了快速掌握孩子喜歡的食物和討厭的食物，藉此斟酌準備的份量而嘗試的方法，得到不少媽媽們的好評，因此本書也嘗試利用餐盤組合準備料理。

　　如果手藝生疏，準備料理需要花較長時間，不妨前一晚預先準備好。因為是組合餐，最好先標記好料理的順序，方可不慌不忙地準備

2～3道的料理，並節省許多時間。

　　本書並非計較營養價值，以孩子不肯食用的調理方法或食材、不易取得的食材編寫而成的書，而是收錄各種獨家秘訣，即便明天早餐就要派上用場，也能端出刺激孩子胃口，讓孩子活力充沛的營養早餐。期望這樣一本書，能獲得廣大媽媽們的認同。

　　最後，要對讓我卸下本名柳京娥，改以多媛（音譯）媽咪、紹媛（音譯）媽咪，也就是以「多紹媽咪」的暱稱登場……

　　我因為各種忙碌的行程，通常到了深夜才能闔眼，即使如此，每天清晨又比鬧鐘響鈴起得早。看著這樣的我，她們總擔心地說：「媽媽你不累嗎？我們簡單吃個麵包就出門也沒關係的。」媽媽很感謝你們，變得這麼溫柔體貼，懂得說這樣讓人窩心的話。

　　其實偶爾我也會對張羅早餐感到厭煩、勞累，但是我是媽媽呀。
　　「媽媽做的飯，是世界上最美味的。」為了你們這句話，我已準備好隨時穿上圍裙、綁好裙帶，奔向廚房。

　　未來你們也會為人母親，希望你們屆時回想現在的生活，一邊為討人喜愛的孩子準備美味的早餐……

　　天天都愛你們喔，我們孩子們……

2014年8月　某日於廚房準備早餐中

為孩子準備早餐的
媽媽牌廚房

早餐食材份量這樣計算

本書料理皆以2人份為標準製作（份量超過時，將另外標註。）

- 為了料理出接近書中菜餚的滋味，請盡可能使用測量工具。
- 即使不擅長料理，也能輕鬆跟著本書的食譜一起做。

　　1大匙（15ml）　　　1小匙（5ml）　　　1杯（200ml）　　　1/2杯（100ml）

【何謂少許】

- 標註加入少許鹽或胡椒粉時，即指大拇指與食指抓取的量。
- 材料份量以粗體字標註時（如醬料、沙拉醬），將食材混合使用即可。

 ## 提前規劃好菜單，減輕當天的煩惱

　　每天晚上，您是否都在煩惱隔天早餐要煮什麼？即使是喜歡料理、經常動手料理的我，臨時要在前一天晚上決定隔天菜單，也會大喊吃不消。再怎麼麻煩，也請先事先寫好一週或是一個月的菜單，貼在廚房。如此一來，不僅上菜市場變得更輕鬆，也不必每天晚上傷透腦筋，自然減輕準備早餐的壓力。原則上依照規劃好的菜單執行，不過也可以視情況或家中食材的多寡，臨時更換菜單，藉此培養臨機應變的能力。此時，應盡可能利用當季食材，並多發揮為人母的獨門訣竅，將孩子們不太吃的食物變成一道道美味佳餚，這才是真正獨一無二的菜單，不是嗎？

　　本書分上、下兩冊將四個季節的菜單，分為各個單元加以介紹。其中較容易消化且吃得無負擔的料理，以紅字特別強調，在孩子睡眠不足、壓力較大的考試期間，不妨準備這些料理。

準備重點

Monday	週日晚間只要多花點時間，星期一早上就能料理出豐盛的早餐。請準備以配菜、白飯、湯品為主的料理。
Tuesday	速食產品因為含有各種添加物而讓忙碌的媽媽們覺得抱歉，卻又因為方便且深受孩子的喜愛，而常使用。善用各種調理方法與一些小技巧，速食產品也可以變身為健康的早餐料理。
Wednesday	進入一週正中間的星期三！孩子們這一天也期待著某些新奇的菜色。請試著以三明治、年糕、湯品、粥等料理，取代米飯。然而湯品與粥不容易產生飽足感，最好再搭配麵包或水果、沙拉等。
Thursday	請準備不必太多配菜，也不需要大費周章，就能輕鬆上菜的單盤料理。這天只準備孩子食用方便，媽媽也準備輕鬆的菜單。
Friday	黑眼圈已經跑到鼻子的每週最後一天。為了吵著已經無力拿起湯匙的孩子，特別準備像一口食一樣，容易且方便食用的料理。

 Scheduler

   三明治日！！

Monday	Tuesday	Wednesday	Thursday	Friday
蟹肉秀珍菇煎餅 醬燒豆腐丁 紫蘇籽蘿蔔葉大醬湯	火腿鮮蔬飯捲 蘑菇起司歐姆蛋 水果	南瓜濃湯 口袋三明治 水果	醬燒松阪肉蓋飯 涼拌蘿蔔絲 水果	米漢堡 蛋花湯 水果
培根炒菠菜 地瓜煎餅 牛肉蘿蔔湯 泡菜	鮪魚起司魚卵飯 菠菜豆腐大醬湯	牛肉蔬菜粥 蘋果丁泡菜	奶油醬燒牛肉拌飯 涼拌海苔青蔥 水果	煎起司飯丸 香蕉奇異果汁
炒小香腸年糕 紫蘇籽炒蘿蔔絲 香菇湯 泡菜	火腿肉飯糰 柿餅沙拉 水果	法式草莓醬吐司 義式豆腐番茄沙拉	蘑菇起司蛋包飯 白菜湯	杯飯 豆腐起司輕食 水果
涼拌牛肉山芹菜 泡菜炒火腿 乾白菜牛骨湯	豬排沙拉飯捲 魚板烏龍麵 水果	英式馬芬三明治 地瓜拿鐵 水果	炸雞美乃滋蓋飯 泡菜沙拉 水果	涼拌菜豆皮壽司 地瓜沙拉

＊料理名稱以顏色標示者，為方便消化，又能在早上吃得輕鬆無負擔的料理。

媽媽牌廚房中不可或缺的食材

● **當季水果**

　　對於不常曬太陽，運動量也不夠的孩子，沒有比當季水果更能補充維生素的食物了。請培養孩子在早餐後吃水果的習慣。如果孩子不太吃水果，不妨將水果切小塊放入沙拉中，或是打成果汁，也可以和優格攪拌一起吃。

● **蔬菜三劍客**

　　在安排好菜單後，雖然應盡可能購買當季蔬菜，不過一整年都可以在市場上買到的，當然就是馬鈴薯、洋蔥和紅蘿蔔吧！早上較忙碌時，不但可以變出炒飯、飯丸、義大利麵、煎餅，就算只是拌在一起，也可以立刻成為一道料理。

● **生菜沙拉**

　　忙碌的早晨，還能端出生菜沙拉？

　　近來混合各種蔬菜的綜合蔬菜，在超市就能輕鬆買到。泡過冷水，提高蔬菜的新鮮度後，以沙拉脫水器瀝乾水分，再放上喜歡的水果或堅果類、起司、炸物等，最後淋上沙拉醬，就能輕鬆完成生菜沙拉。因此，請多將冰箱的蔬果櫃裝滿吧！

　　蔬菜買回家後，為保留蔬菜的新鮮度，請將蔬菜放入密封容器內，並鋪上沾濕的廚房紙巾，放入蔬果櫃冷藏。

● **乳製品**

　　如果孩子沒有湯湯水水就吃不下飯，搭配果汁或牛奶、豆漿一起食用，也是不錯的辦法，還能藉機補充缺乏的營養。

　　起司只要購買起司片、披薩專用乳酪絲等備用，就能隨時運用在炒飯、飯捲、飯丸、焗烤等米飯料理上，請務必準備好。

● **偷懶時可運用的速食產品**

　　逃不了，就享受吧！速食產品是媽媽們避之唯恐不及，卻又顧慮孩子的喜好而無法逃避的食材。罐裝速食瀝乾水分後使用，火腿片或魚板置於篩網中以熱水汆燙，都是大幅減少食品添加物的方法。番茄醬或豬排醬可廣泛應用於炒飯或炸物沾醬，請隨時準備好。

● 有的話更方便的食材

製作醋飯時使用的調味醋，只要購買市售的壽司醋使用即可，不必另外調製；使用將烏龍麵湯汁濃縮而成的濃縮烏龍醬汁，可以更方便料理食物。我在使用濃縮烏龍醬汁時，有時會將少量濃縮烏龍醬汁倒入預先準備好的小魚乾昆布高湯內，再以醬油調整味道。如此一來，總覺得不是全用速食產品料理，心裡稍微感到安慰。

本書介紹各式各樣的沙拉料理，也使用最適合這些沙拉的沙拉醬，但是要是沒時間準備，也可以購買市售沙拉醬，直接淋在綜合蔬菜上食用。讓孩子吃什麼固然重要，不過先讓媽媽們輕鬆料理，對於準備早餐才不會感到太大的壓力。

● 請置於冷凍庫冷凍

煮好後分裝成一碗份量冷凍的白飯、放入夾鏈袋冷凍的麵包、一次購買2公斤，再一片一片放入夾鏈袋冷凍的豬排、牛骨湯塊……，這些食材雖然將冷凍庫塞得密不透風，不過當不小心睡過頭，錯過準備早餐的時間時，這些食材可是相當重要的救命武器，最好事先備妥冷凍。另外，可使用於所有湯品料理的小魚乾昆布高湯，也應準備好充足的份量，天氣熱時置於冷凍庫，天氣冷時置於冷藏室，便於隨時取出使用。

冷凍飯

將剛煮好的熱騰騰的飯，取一碗的份量平鋪在密封容器中，再置於冷凍庫中冷凍。不方便煮飯的日子，只要從冷凍庫中取出，放入微波爐中微波約3分鐘，就是一碗熱騰騰剛煮好的飯（要注意的是，微波過的飯容易因久放而流失水分，變得乾硬，請務必在用餐前才微波。）

小魚乾昆布高湯

在湯鍋內放入15杯水，2杯小魚乾，3片（5*5公分）昆布，煮5分鐘後，將昆布撈出，轉中火再煮15分鐘，便是一鍋香濃的高湯；也可以放入使用後剩餘的蔬菜一起熬煮。

抓住孩子目光的早餐，請這樣準備

● 餐盤&餐桌墊

善用餐盤，可以一眼掌握孩子對食物的喜好，並可針對孩子不太吃的食物提出應對措施，值得推薦。雖然像學校營養午餐餐盤一樣的不鏽鋼材質較方便使用，不過請盡可能選擇給人溫馨感的陶瓷材質，不僅容易清洗，擺盤也較漂亮。餐桌墊看似微不足道，其實也能給孩子營造出被招待的感覺。建議準備幾個材質容易清洗，設計又符合孩子喜好的餐盤，可交替使用。

● 三角飯糰模具、三角飯糰海苔

便利商店內永遠受孩子喜愛的三角飯糰，在家裡輕輕鬆鬆就能製作。三角飯糰海苔可以在超市購買，並置於冰箱冷凍，以便隨時以不同的材料為孩子製作豐富多變的三角飯糰。如果沒有三角飯糰模具或三角飯糰海苔，可以配戴塑膠手套，將飯鋪在手套上，放入內餡，捏成三角形後，剪下大片海苔貼在飯糰底部，做成握飯糰。

● 電燒烤機

這是可以在吐司上烤出明顯條紋，並加熱內餡，製作出讓人口水直流的三明治燒烤機。除了製作碳烤三明治外，也可以用於烤年糕、漢堡排和少量肉片，使用上相當方便。如果沒有電燒烤機，可將一般燒烤盤加熱後放上三明治，蓋上烹調用鋁箔紙，再以較重的平底鍋鍋蓋前後輕壓即可。

● 口袋三明治模具

將沙拉或果醬放入吐司中，即可輕鬆切除吐司邊，夾出口袋三明治的模具。在網路購物上搜尋「口袋三明治模具」，便能輕鬆購買。如果沒有口袋三明治模具，可以使用碗沿較薄的飯碗或碗公，用力下壓，再取下吐司邊。

● 磨汁機

準備果汁給早上不喜歡吃水果的孩子，也是不錯的方法。使用磨汁機，可以避免水果養分的流失。如果沒有磨汁機，也可以使用攪拌機或果汁機將水果打碎。

冰箱內隨時準備好健康小菜

　　雖然現做的食物最美味，不過若能事先準備好幾道放在冰藏室裡也不會變質的小菜，在配菜不夠用的日子，不僅可以用來應急，也可以放入飯丸或蓋飯中，變化出精彩豐富的早餐。

醬燒黑豆（5-6人份）

材料：黑豆170g、水4+1/2杯、寡糖1+1/2大匙、芝麻油2
　　　小匙、芝麻粒1/2大匙

醬燒醬：醬油4大匙、砂糖1+1/2大匙、料理酒1大匙、
　　　　食用油2大匙

作法：

1 將黑豆洗淨後放入湯鍋內，加水煮至熟透。

2 黑豆煮熟，鍋內剩下約4大匙的水時，倒入醬汁繼續煮。

3 待醬汁幾乎燒乾時，放入料理酒拌炒，再倒入芝麻油、芝麻粒稍微拌炒起鍋。

炒杏仁小魚乾（4人份）

材料：小魚乾120g、杏仁片50g、芝麻粒1＋1/2大匙、
　　　食用油2小匙

醬燒醬：醬油1大匙、辣椒醬2小匙、砂糖1大匙、生薑汁1小匙、蒜末1小匙、
　　　　寡糖2大匙、食用油2大匙

作法：

1 調製調味醬。

2 將小魚乾與杏仁片放入預熱好的平底鍋內拌炒，再過篩
　將細粉濾除。

> 料理秘訣
> 以中火炒，調味醬
> 才不會燒焦。

3 將調味醬倒入平底鍋內煮滾，再放入炒過的小魚乾與杏仁片，炒至與調味醬均勻融合，最後撒上芝麻粒攪拌起鍋。

炒魷魚絲（4人份）

材料：魷魚絲200g、美乃滋2大匙、芝麻粒1小匙

醬燒醬：辣椒醬2大匙、蒜末1小匙、砂糖1小匙、料理酒2大匙、
寡糖2大匙

作法：

1 將魷魚絲剪成一口大小，放入蒸鍋內蒸約5分鐘。

2 拌入美乃滋。

3 將2大匙食用油倒入平底鍋內，再倒入調味醬煮滾後，放入拌有美乃滋的魷
魚絲拌炒，撒上芝麻粒起鍋。

炒青海苔

材料：青海苔50g、食用油4大匙、紫蘇籽油2大匙、
精製鹽1/2大匙、砂糖2小匙、芝麻油1大匙、
芝麻粒1大匙

作法：

1 將青海苔撕成碎片。

2 將食用油、紫蘇籽油倒入以中火預熱好的平底鍋內，再放入青海苔，轉小火
炒約10分鐘。

3 撒上精製鹽、砂糖攪拌均勻後，再倒入芝麻油、芝麻粒拌勻。

醬燒牛肉（4-5人份）

材料：牛里脊600g、水5杯、乾辣椒1根、洋蔥1/2顆、
大蔥1根、大蒜5瓣、胡椒粒1小匙

醬燒醬：醬油1/2杯、砂糖2大匙、清酒2大匙

作法：

1 牛肉泡過水後瀝乾血水。

2 將去除血水的牛肉和水倒入湯鍋內煮熟。

料理秘訣
邊煮邊撈出泡沫，
才不會有腥味。

3 牛肉煮熟後，放入乾辣椒、洋蔥、大蒜、胡椒粒和醬汁，以大火烹煮。

4 10分鐘後轉中火，煮至醬汁完全滲透後放涼，沿肌肉紋理撕成適合食
用的大小。

醬燒核桃（5-6人份）

材料：核桃200g、乾辣椒1根、昆布1片、
　　　芝麻油1小匙、芝麻粒少許、食醋1大匙

醬燒醬：砂糖1/2人匙、料理酒1＋1/2大匙、
　　　　醬油1＋1/2大匙、糖稀1＋1/2大匙、水2/3杯

作法：

1 核桃過篩，濾除碎末細粉。

2 將食醋倒入滾水內，再放入核桃煮約7分鐘，以冷水淘洗。

3 在湯鍋內放入煮過的核桃、乾辣椒、昆布與醬汁，煮沸後轉中火，煮至湯汁
　剩下約一湯匙。

4 倒入芝麻油、芝麻粒攪拌，即可起鍋。

醬醃綜合泡菜（8人份）

材料：小黃瓜3根、彩椒（紅椒、黃椒）1/2顆、
　　　洋蔥1/2顆、辣椒1根、醃漬香料2大匙

醃醬：水2杯、砂糖1杯、食醋1杯、鹽2大匙

作法：

1 小黃瓜、辣椒切圓形，洋蔥、彩椒也切成與小黃瓜差不多的大小。

2 將醃漬香料放入耐熱容器中，填滿切好備用的蔬菜。

3 將醃醬倒入湯鍋內，加熱煮至砂糖融化即可，隨即倒入耐熱容器內，蓋上蓋
　子，置於室溫下半天，再放入冰箱冷藏。

＊除了醬醃綜合泡菜外，所有配菜在調理過後，應待完全冷卻後再放入密封容
　器中保存，可保持滋味不變。若怕辣可將辣椒的籽去除。

秋天
可享用的當季食材

南瓜 | 白蘿蔔 | 甜柿 | 蘋果 | 淡菜 | 山芹菜 | 地瓜

PART 03

Autumn

Monday	Tuesday

蟹肉秀珍菇煎餅 醬燒豆腐丁 紫蘇籽蘿蔔葉大醬湯	火腿鮮蔬飯捲 蘑菇起司歐姆蛋 水果

＊培根炒菠菜 地瓜煎餅 牛肉蘿蔔湯 泡菜	鮪魚起司魚卵飯 菠菜豆腐大醬湯

＊炒小香腸年糕 紫蘇籽炒蘿蔔絲 香菇湯 泡菜	火腿肉飯糰 柿餅沙拉 水果

涼拌牛肉山芹菜 泡菜炒火腿 乾白菜牛骨湯	豬排沙拉飯捲 魚板烏龍麵 水果

三明治日！！

Wednesday	Thursday	Friday

*南瓜濃湯
口袋三明治
水果

醬燒松阪肉蓋飯
涼拌蘿蔔絲
水果

米漢堡
蛋花湯
水果

牛肉蔬菜粥
蘋果丁泡菜

奶油醬燒牛肉拌飯
涼拌海苔青蔥
水果

煎起司飯丸
香蕉奇異果汁

法式草莓醬吐司
義式豆腐番茄沙拉

蘑菇起司蛋包飯
白菜湯

杯飯
豆腐起司輕食
水果

英式馬芬三明治
地瓜拿鐵
水果

炸雞美乃滋蓋飯
泡菜沙拉
水果

涼拌菜豆皮壽司
地瓜沙拉

＊料理名稱以顏色標示者，為方便消化，又能在早上吃得輕鬆無負擔的料理。

【第一週星期一】 蟹肉秀珍菇煎餅、醬燒豆腐丁、紫蘇籽蘿蔔葉大醬湯

將不喜歡的食物變好吃的創意餐

如何料理孩子們討厭的食材，將影響孩子們對這道食物的接受度。請將孩子們害怕的香菇混入蟹肉與蔬菜，煎成金黃色的煎餅；將常吃的豆腐用孩子們喜歡的炸雞醬調味，做成美味的醬燒豆腐丁。就從今天開始嘗試吧。也許你會懷疑，我們家孩子真的是以前那個不吃香菇、豆腐的人嗎？

請依此順序準備！

煮飯 ➔ 紫蘇籽蘿蔔葉大醬湯煮至第3步驟 ➔ 豆腐醃漬 ➔ 秀珍菇汆燙，與蟹肉撕成絲 ➔ 蔬菜切絲 ➔ 完成醬燒豆腐丁 ➔ 煎蟹肉秀珍菇煎餅 ➔ 將大蔥、紫蘇籽粉倒入紫蘇籽蘿蔔葉大醬湯 ➔ 盛飯，與蟹肉秀珍菇煎餅、醬燒豆腐丁、紫蘇籽蘿蔔葉大醬湯一起上桌

前晚準備更快速

- 秀珍菇汆燙，與蟹肉撕成絲；紅蘿蔔、洋蔥切細絲。
- 調製醬燒豆腐丁的辣醬。
- 紫蘇籽蘿蔔葉大醬湯煮至第3步驟。

蟹肉秀珍菇煎餅

　　利用冷藏室內剩餘的任何一種菇類都可以。蟹肉可以掩蓋香菇淡而無味的滋味，讓料理更加甘甜，是相當搭配的組合。將麵糊與咖哩粉一起攪拌，還能變出不同口味的新煎餅喔。

主材料　**秀珍菇100g、紅蘿蔔1/4根、蟹肉2根、洋蔥1/4顆、細蔥2根、雞蛋2顆、食用油少許**

調味醬　**芝麻油1小匙、鹽1/2小匙、胡椒粉少許**

1 秀珍菇一株一株掰開，放入滾水中汆燙後，置於冷水中清洗，再擠乾水分。

2 蟹肉沿紋路撕成細絲；紅蘿蔔、洋蔥切細絲；細蔥切蔥花。

3 將擠乾水分的秀珍菇撕成細絲，放入紅蘿蔔、洋蔥、蟹肉、蔥花、雞蛋、調味醬攪拌均勻。

4 將食用油倒入預熱好的平底鍋內，放入一湯匙份量的麵糊，煎至前後呈金黃色，即完成。

醬燒豆腐丁

　　豆腐外裹上一層麵衣，稍微炸過後，與醬料攪拌均勻，即可製作出這道酥脆而又帶有炸雞醬滋味的醬燒豆腐丁。和年糕、魚板、熟鳥蛋一起料理，增加食物的豐富口感，孩子們會更喜歡吃喔！

主材料　硬豆腐1/2塊、綠豆粉2大匙、黑芝麻粒少許、鹽少許、胡椒粉少許

調味醬　甜辣醬1＋1/2大匙、辣椒醬2大匙、果糖1小匙、蒜末1小匙

> 料理秘訣
> 可以使用番茄醬取代
> 辣椒醬製成酸甜醬。

1 豆腐切丁，以鹽、胡椒粉稍微醃漬。

2 調味醬材料混合均勻。

> 料理秘訣
> 將醃漬過的豆腐放在廚房紙巾上，擦乾水分，豆腐才能裹上一層薄薄的麵衣。

3 將綠豆粉與豆腐放入塑膠袋中搖晃，使豆腐裹上麵衣。

4 預熱好的平底鍋內倒滿油，放入豆腐炸熟後，撈起，並倒出熱油。

5 將調味醬倒入炸豆腐的平底鍋內，煮至醬汁滾開。

6 放入炸熟的豆腐攪拌後，撒上黑芝麻粒，再攪拌一遍，即完成。

紫蘇籽蘿蔔葉大醬湯

　　撒上紫蘇籽粉煮成滋味甘甜的蘿蔔葉湯，不僅好喝，也有助於腸胃的安定。先將蘿蔔葉去皮，可避免不易嚼爛，也能吃到裡頭柔嫩的滋味。

請準備以下食材！

主材料　氽燙蘿蔔葉100g、小魚乾昆布高湯4杯、大蔥1/2根、紫蘇籽粉2大匙、
　　　　韓式味噌醬2大匙、蒜末1小匙

1 氽燙蘿蔔葉去皮，切成3公
分的長度；大蔥斜切。

2 放入韓式味噌醬、蒜末，輕
輕攪拌。

料理秘訣
煮滾後再煮5分鐘，隨
即轉中火，繼續煮20
分鐘。

3 小魚乾昆布高湯倒入湯鍋
中煮滾後，放入與韓式味
噌醬、蒜末拌勻的蘿蔔葉
一起煮。

料理秘訣
若口味較清淡時，可加
入少許的湯用醬油調
味。

4 放入大蔥、紫蘇籽粉，再煮
一會，即完成。

【第一週星期二】 火腿鮮蔬飯捲、蘑菇起司歐姆蛋

像咖啡館老闆娘般優雅準備早餐

雖然是為孩子準備早餐，不過偶爾也請像電影海鷗食堂的老闆娘那樣，用髮圈整齊綁好頭髮，腰際圍著最喜歡的圍裙，一邊哼著歌，一邊準備早餐。就像海鷗食堂的老闆娘一樣優雅，帶著等待客人光臨的愉悅心情，有條不紊地捏好一口吃的飯丸，將煎得蓬鬆的歐姆蛋切成適合入口的大小，與水果一起端上桌。緩緩從睡夢中醒來，蓬頭散髮地坐在餐桌前的那位客人，雖然為了這位客人犧牲了早晨睡眠，不過他／她正是我每天看也不厭倦，天天想為他／她們準備美味料理的終生VIP客人。

請依此順序準備！

冷凍飯解凍 ➡ 挑揀蔬菜；蘑菇、培根、細蔥切好備用 ➡ 打蛋 ➡
完成火腿鮮蔬飯捲 ➡ 完成蘑菇起司歐姆蛋 ➡ 準備水果 ➡
歐姆蛋切片，與火腿鮮蔬飯捲、水果一起上桌

前晚準備更快速

・挑揀蔬菜。

火腿鮮蔬飯捲

近來市面上出現許多孩子喜歡吃，媽媽又方便料理的食材。用來做飯捲的火腿片，正是其中之一。這道將蔬菜切碎炒過，混合米飯捏成一口飯丸，再以火腿片捲起的火腿鮮蔬飯捲，即使內餡只有蔬菜，孩子們也會因為火腿片而全部吃光光。

請準備以下食材！

主材料　飯1＋1/2碗、火腿片12片、紅蘿蔔1/4根、櫛瓜1/4條、洋蔥1/4顆、海苔1片、鹽少許、胡椒粉少許、食用油少許

> 料理秘訣
> 蔬菜應盡可能切碎，捏成飯丸時才不容易散開。

1　洋蔥、櫛瓜、紅蘿蔔切碎；海苔切成1公分寬。

2　將食用油倒入預熱好的平底鍋內，放入蔬菜碎末炒熟。

3　將炒熟的蔬菜、鹽倒入熱飯中，攪拌均勻後，捏成一口大小。

4　以火腿片捲起飯丸，再以海苔片環繞一圈，即完成。

> 料理秘訣
> 使用培根捲起飯丸也很好吃喔！

蘑菇起司歐姆蛋

　　煎不出歐姆蛋特殊的模樣，所以不肯料理歐姆蛋嗎？非得做出歐姆蛋的模樣才行嗎？只要好吃，孩子們方便吃，那就行了。煎成像蛋餅那樣，不但料理輕鬆，也容易食用。

主材料　蘑菇2朵、培根1條、披薩專用乳酪絲1/2杯、細蔥1根、雞蛋3顆、美乃滋1小匙、鹽少許、胡椒粉少許、食用油少許

1 蘑菇切片，保留原本形狀；培根切細絲；細蔥切蔥花。

2 取蛋液，加入鹽、胡椒粉調味。

料理秘訣
使用小型平底鍋，較容易煎出固定的形狀。

3 將食用油倒入預熱好的平底鍋內，放入蘑菇、培根爆炒，再倒入美乃滋、細蔥略為拌炒。

4 倒入蛋液，以筷子攪拌均勻後，表面灑上乳酪絲，蓋上鍋蓋，以小火煎約3分鐘，待稍涼後，切片放盤，即可食用。

【第一週星期三】 南瓜濃湯、口袋三明治

疲勞時，端上這道香甜的早餐！

　　秋天當然是南瓜甜上加甜的豐收季節。黃澄澄的美味南瓜濃湯，即使不放糖，其特有的甜味也會立刻吸引孩子的味蕾。南瓜濃湯搭配烤得金黃酥脆的麵包吃也不錯，不過為了怎麼睡都睡不飽、精神不濟的孩子，我選用孩子們喜歡的果醬，製作成心型的口袋三明治。比巧克力香甜的早餐，能夠稍稍振作孩子的精神吧？

請依此順序準備！

南瓜濃湯煮至第2步驟 ➜ 製作口袋三明治 ➜ 完成南瓜濃湯 ➜ 切好水果一同上桌

前晚準備更快速

・南瓜濃湯煮至第2步驟。

南瓜濃湯

　　紋路鮮明，舉起時感覺稍微沉甸甸的，就是成熟得恰到好處的南瓜。富含膳食纖維與β-胡蘿蔔素、維生素的南瓜，是守護健康最好的食物。除了做成濃湯之外，南瓜也可以切細絲拌入煎餅，或是煮湯來喝，請多利用各種調理方式料理給孩子吃。

請準備以下食材！

主材料　南瓜1/4顆、洋蔥1/2顆、雞粉1/2大匙、奶油1大匙、麵粉1大匙、
　　　　　牛奶1/2杯、水2/3杯

> 料理秘訣
> 將南瓜放入塑膠袋內，再放入微波爐中微波約2分鐘，即可輕鬆去除外皮。

1 將奶油、麵粉放入湯鍋中，炒成麵糊。

2 洋蔥切絲；刨除南瓜的種籽，去皮後，切細片。

3 將南瓜、洋蔥、雞粉、水倒入湯鍋內，煮滾後轉中火煮約10分鐘。

4 倒入牛奶、炒麵糊，以果汁機打碎後，再煮一會起鍋。

口袋三明治

　　放入各種內餡，壓出口袋形狀的三明治，當然就稱為口袋三明治囉！內餡可以放入沙拉或蔬菜炒肉；壓出形狀後，也可以放入平底鍋乾煎。不過只要在白吐司中放入孩子喜歡的果醬，壓出特定的形狀，就可以輕鬆完成口袋三明治。

請準備以下食材！

主材料　吐司4片、果醬3大匙。

料理秘訣
為使吐司緊密貼合，請盡可能使用當天出爐的新鮮吐司。剩餘的吐司也可以切丁，放入抹上奶油的平底鍋內煎脆後，擺在濃湯上。

1 將孩子喜歡的果醬放滿白吐司中間的位置。

2 以另一片白吐司覆蓋後，利用三明治機或小碗壓出三明治。

【第一週星期四】 醬燒松阪肉蓋飯、涼拌蘿蔔絲

比牛排更美味的醬燒蓋飯

　　「媽媽，這是豬肉嗎？還是牛肉？」一邊將飯送進嘴中，孩子一邊問道。沒有用炭火烤過，也不是使用知名的醬料來調理，卻能立刻擄獲孩子胃口的醬燒松阪豬，其微鹹而富有嚼勁的口感，讓孩子白飯一口接一口。再用香辣爽脆的涼拌蘿蔔絲代替泡菜，孩子們肯定吃得津津有味，瞬間盤底朝天。

請依此順序準備！

醬燒松阪肉蓋飯準備至第2步驟 ➡ 嫩葉蔬菜洗淨，瀝乾水分 ➡
製作涼拌蘿蔔絲 ➡ 完成醬燒松阪肉蓋飯

前晚準備更快速

・製作涼拌蘿蔔絲。
・將洋蔥放入醃醬內。
・松阪肉醃漬備用。

醬燒松阪肉蓋飯

　　煮至入味的醬燒松阪肉，搭配醃得酸酸甜甜的醃洋蔥，組合成這道醬燒松阪肉蓋飯。完成醬燒肉後，將剩餘的醬汁取代調味醬淋在白飯上，最能搭配醬燒松阪肉的滋味。洋蔥以醃醬醃漬後，可去除辣味，適合與肉類一起食用，也有助於消化。

請準備以下食材！

主材料　飯2碗、豬肉（松阪肉）250g、嫩葉蔬菜1杯、洋蔥1/2顆、糯米粉2大匙、食用油少許

豬肉醃醬　清酒2大匙、鹽少許、胡椒粉少許

醬燒醬　料理酒1/2杯、醬油1大匙、生薑汁1/2小匙

洋蔥醃醬　食醋1＋1/2大匙、果糖1/2大匙、鹽1/2小匙

1 松阪肉以豬肉醃醬醃漬隔夜。

2 洋蔥切細絲，放入洋蔥醃醬中醃漬。

3 將醃製過的松阪肉裹上糯米粉，放入倒有食用油的平底鍋內，煎至前後呈金黃色後取出。

料理秘訣
醬燒醬煮滾後，再放入豬肉醬燒，可使豬肉表面燒出光澤，又不至於過鹹。

4 倒入醬燒醬，煮滾約3分鐘後，放入煎熟的松阪肉醬燒，再切成適合食用的大小。

5 將切成適當大小的醬燒松阪肉擺在白飯上，再放上醃洋蔥、嫩葉蔬菜，淋上醬汁即完成。

涼拌蘿蔔絲

　　寒風吹起時，蘿蔔也開始產生甜味。將蘿蔔切細絲，不醃漬，直接與調味醬攪拌均勻，便能像涼拌生菜一樣爽脆開胃，取代老泡菜當配菜吃也不錯。

請準備以下食材！

主材料　白蘿蔔200g、芝麻粒1小匙

調味醬　辣椒醬1大匙、鹽2/3小匙、醬油1/2小匙、砂糖1/2小匙、蒜末1小匙、
蔥花1大匙、食醋1/2小匙

料理秘訣
秋天製作涼拌蘿蔔絲時，
在以鹽、砂糖、食醋調製
的調味醋醃漬後，務必將
水分擠乾，再拌入調味醬
內，可去除苦味。若怕辣
可省略辣椒醬。

1 將蘿蔔去厚皮切絲。

2 調製調味醬材料。

3 將蘿蔔絲與調味醬攪拌均
勻，即完成。

【第一週星期五】 米漢堡、蛋花湯

難不倒媽媽的米漢堡料理

　　偶爾孩子們會興奮地說著與朋友在外購買的食物。這種時候，我總是心想「到底是什麼樣的食物，讓你們聊得這麼開心？」於是上網搜尋資料，再親自嘗試料理出滋味相同的食物，端上餐桌讓孩子們大吃一驚。近來深深吸引孩子們胃口的外食，就是米漢堡⋯⋯。早餐端出與市售滋味如出一轍的米漢堡，再搭配上一碗暖暖的蛋花湯，媽媽們便可以抬頭挺胸地說：「沒有什麼料理難得倒媽媽。」

請依此順序準備！

米漢堡料理至第3步驟 ➜ 蛋花湯煮至第3步驟 ➜ 完成米漢堡 ➜
完成蛋花湯並盛碗 ➜ 與水果一同上桌

前晚準備更快速

・醃黃蘿蔔切碎。
・飛魚卵解凍。
・調味海苔撕碎。

米漢堡

　　近來最受孩子們歡迎的米漢堡，不僅比麵包更有飽足感，吃起來也不油膩，孩子們越吃越喜歡，不過若是由媽媽們在家中親自料理，孩子們肯定吃得更津津有味。將內餡換成孩子們喜歡的烤牛肉片或起司、火腿片、雞蛋等食材，孩子們會更開心吧？

請準備以下食材！

主材料　飯2碗、調味海苔粉1/2杯、泡菜碎末1杯、鮪魚罐頭1罐、
　　　　　飯捲用醃黃蘿蔔2小條、飛魚卵2大匙

飯調味醬　鹽1/2小匙、芝麻油1小匙、芝麻粒1/2大匙

泡菜調味醬　砂糖1/2小匙、芝麻油1小匙、芝麻鹽1/2小匙

鮪魚調味醬　美乃滋4大匙、糖漬梅汁1大匙、砂糖1小匙、鹽少許

1 鮪魚罐頭過篩，瀝乾水分；醃黃蘿蔔切碎末；飛魚卵解凍；調味海苔放入袋中搗碎。

2 將飛魚卵、醃黃蘿蔔碎末、鮪魚調味醬倒入瀝乾水分的鮪魚肉內，攪拌均勻。

> 料理秘訣
> 怕辣的孩子可省略。

3 泡菜碎末稍微擠乾水分後，倒入泡菜調味醬，輕輕攪拌。

4 將搗碎的海苔、飯調味醬倒入熱飯中，攪拌均勻。

> 料理秘訣
> 將保鮮膜鋪在飯碗上時，盡可能使用大片的保鮮膜，以方便取出米漢堡。

5 一張保鮮膜鋪在筒狀的碗上，放入一糰飯丸，緊緊壓實，使飯丸平整。

6 依序放上鮪魚沙拉➡調味泡菜，再放入一糰飯丸，輕輕壓平後，抓住保鮮膜的邊緣拉起，即完成。

蛋花湯

　　說到能搭配任何料理，尤其最適合早餐食用的清淡湯品，當然少不了蛋花湯。只要有小魚乾昆布高湯，就能輕鬆料理出美味的蛋花湯。最後若能撒上烤過的海苔屑，孩子們一定會更喜歡。

主材料　小魚乾昆布高湯2＋1/2杯、雞蛋2顆、細蔥1根、魚露1/2小匙、鹽1/2小匙、
　　　　胡椒粉少許

1 打蛋，以鹽調味。

2 細蔥切蔥花。

料理秘訣
將蛋液倒入湯鍋內，立
即攪拌，可能產生雞蛋
的腥味，請在稍煮一會
後，再輕輕攪拌。

3 將小魚乾昆布高湯倒入湯
鍋內，煮滾後，加入魚露、
鹽調味。

4 均勻倒入蛋液，稍煮一會稍
凝固後以筷子輕輕攪拌，再
盛碗，撒上細蔥、胡椒粉，
即完成。

【第二週星期一】 培根炒菠菜、地瓜煎餅、牛肉蘿蔔湯

秋天最對味的養生料理

即使是一年四季皆可食用的蔬菜，也比不上當季出產的食材本身的鮮甜滋味吧！放入孩子們喜歡的培根，炒出色澤青翠的培根炒菠菜，加上利用秋季開始生成甜味的鮮甜地瓜，煎成金黃色的地瓜煎餅，以及放入大量蘿蔔，煮出溫熱的牛肉蘿蔔湯，才是一道真正的秋季美味料理。厭倦飯與湯、配菜這種組合的孩子，也都能吃得津津有味，這是因為食材本身美味嗎？還是因為這秋高氣爽的季節，無人能倖免肥胖的秋天？

請依此順序準備！

煮飯 ➔ 牛肉蘿蔔湯煮至第3步驟 ➔ 煎地瓜煎餅 ➔ 料理培根炒菠菜 ➔ 完成牛肉蘿蔔湯並盛碗 ➔ 切好泡菜一同上桌

前晚準備更快速

・挑揀菠菜。
・牛肉蘿蔔湯煮至第3步驟。

培根炒菠菜

　　菠菜只能汆燙，做成涼拌生菜當配菜吃嗎？其實不必煮熟，直接當生菜吃就可以，或是與少許調味醬攪拌，稍微快炒起鍋也不錯。尤其放入培根與大蒜爆香，再放入菠菜炒成的培根炒菠菜，更能吸引孩子的胃口。

請準備以下食材！

主材料 　菠菜150g、培根3條、大蒜2瓣水1大匙、食用油1大匙

調味料 　蠔油1/2小匙、鹽少許、胡椒粉少許

料理秘訣
菠菜長度較長時，可切半再料理。

1 培根切寬片；大蒜切細絲。

2 菠菜挑揀後，洗淨。

3 將食用油倒入預熱好的平底鍋內，放入蒜絲、培根片，以中小火爆香。

4 放入菠菜、水、蠔油，快速翻炒後，加入少許的鹽調味，再撒上少許胡椒粉攪拌均勻，即完成。

地瓜煎餅

　　地瓜可以像醃馬鈴薯一樣，放入醬油中醃漬成醃地瓜，也可以切成圓片，煎成地瓜煎餅，都能當作配菜食用。鮮甜柔嫩的滋味，最適合當作孩子們早餐的配菜。

請準備以下食材！

主材料　　地瓜1顆、煎餅粉2大匙

麵　糊　　煎餅粉5大匙、水6大匙、黑芝麻粒1/2大匙、鹽少許

1 調製麵糊。

2 地瓜削皮，切成0.5公分厚的圓片。

3 將2大匙煎餅粉、地瓜放入塑膠袋內，輕輕搖晃，使地瓜片裹上一層麵衣。

4 將食用油倒入預熱好的平底鍋內，地瓜片均勻蘸上麵糊後，放入平底鍋內，煎至前後呈金黃色。

牛肉蘿蔔湯

　　選用品質優良的牛肉與蘿蔔煮成的牛肉蘿蔔湯，清淡的滋味很適合作為早餐的湯品。大人小孩都能立刻吃得碗底朝天。一邊料理，一邊不禁想起從孩子們年幼起，為他們熬煮一鍋鍋燉牛肉湯的情景。

請準備以下食材！

主材料　牛肉（煮湯用）200g、白蘿蔔100g、大蔥1/2根、昆布高湯6杯、芝麻油1/2大匙、蒜末1小匙、醬油1大匙、鹽少許、胡椒粉少許

1 牛肉用廚房紙巾擦除表面的血水；蘿蔔去厚皮切方形薄片；大蔥斜切。

2 將芝麻油、蒜末、牛肉倒入預熱好的湯鍋內拌炒。

3 待牛肉表面炒熟後，倒入蘿蔔、高湯、醬油，煮滾後轉中火，再煮約20分鐘。

4 以少許的鹽調味後，撒上大蔥、胡椒粉，再稍煮一會，即可。

【第二週星期二】 鮪魚起司魚卵飯、菠菜豆腐大醬湯

輕鬆變出好滋味的學生牌魚卵飯

　　魚卵飯粒粒分明的咬勁與口感，是不分大人小孩都喜歡的料理。尤其淋上美乃滋，再放上鮪魚、起司，增添迷人滋味的魚卵飯，更是深受孩子們的歡迎。牽絲的起司上，還吃得到一粒粒的飛魚卵，這樣一道散發著海洋風味的料理，足以成為早餐餐桌上的特別佳餚吧？因為是不需要配菜的單盤料理，只要搭配一碗溫熱的菠菜豆腐味噌醬湯，就是一道豐盛的美味套餐。

請依此順序準備！

飛魚卵解凍 ➡ 菠菜豆腐大醬湯煮至第3步驟 ➡ 泡菜、醃黃蘿蔔切碎
➡ 冷凍飯解凍 ➡ 調製調味醬 ➡ 將菠菜、豆腐、大蒜放入大醬湯內煮 ➡
將魚卵飯材料放入砂鍋內，置於火爐上 ➡ 盛湯 ➡ 完成魚卵飯並盛碗

前晚準備更快速

・調製用於魚卵飯的調味醬。
・菠菜挑揀後汆燙。
・飛魚卵解凍。
・泡菜、醃黃蘿蔔切碎。

鮪魚起司魚卵飯

　　魚卵飯最美味的料理方式，大概是加熱至砂鍋底部出現鍋巴吧！蓋上鍋蓋以中火燜煮，可避免底部燒焦；完成後再擺上飛魚卵與蔬菜，攪拌均勻即可食用。由於砂鍋導熱快，料理不一會兒就可以完成了。

請準備以下食材！

主材料　飯2碗、泡菜1/2杯、鮪魚罐頭1罐、披薩專用乳酪絲1杯、醃黃蘿蔔3條、
　　　　玉米罐頭2大匙、飛魚卵3大匙、芽菜少許、奶油2大匙

調味醬　美乃滋1大匙、蠔油1小匙、小黃瓜末2大匙、紅蘿蔔末2大匙、海苔香鬆1小匙

1 調製調味醬材料。

2 泡菜瀝乾醬汁，與醃黃蘿
蔔切碎；飛魚卵解凍。

3 將奶油均勻塗抹於預熱好
的砂鍋上，依序放上飯➜
調味醬➜鮪魚➜泡菜碎末
➜醃黃蘿蔔➜玉米粒➜乳
酪絲。

4 蓋上鍋蓋，轉中火融化乳
酪絲後，擺上飛魚卵、芽
菜，即完成。

菠菜豆腐大醬湯

　　菠菜是富含葉酸與鐵質的蔬菜。在韓式味噌醬湯中放入豆腐,可以補充菠菜所沒有的蛋白質,兩者相得益彰。以小魚乾昆布高湯為湯底,即可簡單煮出這道湯品,或是放入洗米水、蝦仁、貝肉等食材,也能煮出甘甜清爽的滋味。

請準備以下食材！

主材料 菠菜1/2株、豆腐1/4塊、小魚乾昆布高湯3杯、韓式味噌醬2大匙、蒜末1小匙

1 豆腐切小塊；菠菜挑揀後，洗淨。

2 將小魚乾昆布高湯倒入湯鍋內，煮滾後，放入韓式味噌醬攪拌均勻。

料理秘訣
一般先將菠菜汆燙後再煮湯，避免湯汁染成綠色，不過早晨忙碌時，將菠菜清洗乾淨後，直接放入湯裡煮也行。

3 放入菠菜、豆腐、蒜末，煮約10分鐘後，以鹽調味。

【第二週星期三】 牛肉蔬菜粥、蘋果丁泡菜

兼具五大營養素的健康粥

　　仔細一想，自從孩子長大後，我何曾像準備離乳食那樣，在意食材所含的營養素，並為孩子準備健康的食物？為正在發育的孩子悉心準備每一種必需營養素，四處張羅各種食物給孩子吃的情景，宛如昨日，而如今僅僅為孩子準備每一天的早餐，就忙得不可開交，不禁對孩子感到相當抱歉。於是就在某一天，我決定要準備一道兼具五大營養素的早餐，一道碳水化合物、脂肪、鈣質、蛋白質、維生素與礦物質等營養均衡的早餐。今天所呈現的健康粥套餐，正是這樣的早餐。

請依此順序準備！

調製蘋果丁泡菜的調味醬；醃漬小黃瓜 ➡ 醃漬牛絞肉 ➡ 蔬菜切碎 ➡
完成蘋果丁泡菜 ➡ 完成牛肉蔬菜粥

前晚準備更快速

・製作蘋果丁泡菜。
・牛肉醃漬備用。
・蔬菜切碎備用。

牛肉蔬菜粥

　　放入滿滿的牛肉與蔬菜，即可煮出這道美味與營養兼具的健康粥。牛肉務必去除血水後再調味，可避免產生腥味；以小魚乾昆布高湯取代清水，可使牛肉蔬菜粥更加美味。同樣地，放入魚片、蝦仁等食材，亦可增加豐富的滋味，請在準備早餐時多加嘗試。

請準備以下食材！

主材料　飯1碗、牛絞肉1杯、香菇2朵、櫛瓜1/4根、紅蘿蔔1/4根、洋蔥1/4顆、小魚乾昆布高湯4杯、芝麻油1大匙、醬油1小匙、鹽1小匙、芝麻鹽1小匙、海苔粉1大匙

牛肉醃醬　魚露1/2小匙、芝麻油1小匙、清酒1小匙

1 牛絞肉用廚房紙巾擦除表面的血水，再以牛肉醃醬材料醃漬。

2 香菇、櫛瓜、洋蔥、紅蘿蔔切碎。

3 將芝麻油倒入湯鍋內，放入牛絞肉炒熟。

4 放入香菇、蔬菜碎末拌炒，再放入白飯拌炒。

5 每次倒入1/2杯的小魚乾昆布高湯至倒完，煮至飯粒化開。

6 倒入醬油，以少許鹽調味後，盛入碗內，撒上芝麻鹽與海苔粉。

料理秘訣
飯粒完全化開後，再調味，可避免粥水分離。

料理秘訣
煮鮪魚蔬菜粥時，請以相同方式調理至飯粒將全部化開時，再放入瀝除油脂的鮪魚，稍煮一會後調味。

蘋果丁泡菜

　　在果肉飽滿多汁的當季蘋果盛產之際，與小黃瓜切丁後一起調味，即可完成這道蘋果丁泡菜。鮮甜又帶有爽脆的口感，最適合當作孩子們的配菜。這是現醃的泡菜，不必預先醃漬熟成，只要在食用前再調味就可以了。

請準備以下食材！

主材料　蘋果1顆、小黃瓜1/2根、細蔥2根、鹽1/2小匙

調味醬　辣椒粉1＋1/2大匙、蘋果汁2大匙、蝦醬1大匙、蒜末1小匙、砂糖1/2小匙、
　　　　糖漬梅汁1小匙

料理秘訣
辣椒粉可以省略。

1 調製調味醬材料。

2 小黃瓜切丁，拌入鹽稍微醃
　漬後，擠乾水分。

3 細蔥切蔥花；蘋果切丁。

4 將醃過的小黃瓜、蘋果、細
　蔥放入容器，加入調味醬，
　攪拌均勻。

【第二週星期四】 奶油醬燒牛肉拌飯、涼拌海苔青蔥

媽媽小時候常吃的古早味早餐

　　小時候每到食欲不振的季節，家母總會料理好富有嚼勁的滷牛肉，裝入帶有鐵環的小不鏽鋼盒內，需要時取出，將滷牛肉撕成細絲，與一顆煎蛋、半匙奶油、滷牛肉汁，一起放在剛煮好的白飯上，攪拌均勻，當作孩子們的早餐。就算每天吃，也不覺得厭煩。如今每次製作奶油滷牛肉拌飯時，總會回憶起當時媽媽為了我特別準備的早餐佳餚。

請依此順序準備！

煮飯 ➜ 細蔥汆燙；烤海苔 ➜ 滷牛肉撕細絲；醬醃蘿蔔切絲 ➜
製作涼拌海苔青蔥 ➜ 完成奶油醬燒牛肉拌飯 ➜ 與水果一同上桌

前晚準備更快速

・涼拌海苔青蔥準備至第2步驟。
・滷牛肉撕細絲；醬醃蘿蔔切絲。

奶油醬燒牛肉拌飯

　　直接將煎蛋、滷牛肉放在飯上,拌著吃就很美味,不過花點巧思讓擺盤更美麗、更方便食用,孩子們會更喜歡吧?雞蛋打成蛋液後,像煎蛋一樣倒入平底鍋煎至半熟,較適合拌飯吃。若是滷牛肉汁較鹹,拌飯時請酌量使用。

主材料 飯2碗、雞蛋4顆、滷牛肉100g、醬醃蘿蔔60g、滷牛肉汁2小匙、奶油2大匙、海苔香鬆2小匙、食用油少許

料理秘訣
滷牛肉作法請參見
P22。

1 醬醃蘿蔔切細絲，浸泡於冷水中去除鹹味，再取出擠乾水分；滷牛肉切成細絲。

2 打蛋液，以少許鹽調味。

3 將奶油放入耐熱容器中，加熱約30秒至融化。

4 依序將融化奶油➜熱飯➜滷牛肉➜醬醃蘿蔔盛盤，再淋上1小匙滷牛肉汁。

5 將食用油倒入預熱好的平底鍋內，再倒入蛋液，像煎蛋一樣以筷子輕輕攪拌，煎至半熟即可。

6 將煎蛋放在準備好的拌飯上面，再撒上海苔香鬆，即可。

涼拌海苔青蔥

　　由於放入海苔，增加料理的好滋味，即使是汆燙過的細蔥，孩子們也喜歡吃。一般汆燙細蔥多以魚露調味，但是為了仍未適應魚露滋味的孩子，請試著以美乃滋調入調味醬內，做成這道涼拌海苔青蔥吧！清爽又開胃，孩子們都愛吃。

主材料　**細蔥80g、原味海苔4片、鹽少許**
調味醬　**醬油1小匙、美乃滋1大匙、芝麻油1/2大匙、芝麻鹽1/2大匙、砂糖1/2小匙**

1 細蔥挑揀後，放入灑有少許鹽的滾水中汆燙一下，撈起，再切成4公分長段。

2 海苔放入平底鍋內以小火乾烤，再放入塑膠袋內壓碎。

3 調製調味醬材料。

4 將調味醬倒入汆燙過的細蔥、烤過的海苔內，攪拌均勻。

【第二週星期五】 煎起司飯丸、香蕉奇異果汁

孩子從小到大一直都喜歡吃的料理

　　孩子小時候喜歡吃的料理，即使成長到身高比媽媽還要高，似乎依然喜歡。這道起司飯丸，讓孩子快到了幼兒園娃娃車接送的時間，仍不願意離開餐桌，堅持全部吃完再走。用煎起司飯丸當作午餐便當，同樣深受孩子喜愛；偶爾當作早餐料理給孩子吃時，用餐速度總是特別快。不必額外準備其它配菜，只要將香蕉與奇異果打成果汁，就能完整補充缺乏的營養。

請依此順序準備！

煮飯 ➜ 製作煎起司飯丸 ➜ 完成香蕉奇異果汁，與煎起司飯丸一起上桌

煎起司飯丸

　　在調味得恰到好處的飯丸內塞入起司，裹上蛋液煎熟，即可完成煎起司飯丸。在飯丸表面灑上綠豆粉，蛋液不會滲入飯丸中，而是在飯丸表面形成一層薄薄的蛋衣。用竹籤串起來，也方便孩子一邊準備上學，一邊用早餐。

請準備以下食材！

主材料 飯1＋1/2碗、起司片2片、雞蛋2顆、鹽少許、綠豆粉1大匙、食用油少許

飯調味醬 海苔香鬆2大匙、芝麻粒1大匙、芝麻油1小匙

1 雞蛋打成蛋液，以少許鹽調味；起司片切8小塊。

2 將飯調味醬材料倒入熱飯中，攪拌均勻。

3 捏出比鳥蛋稍大的飯丸，平均放入2小片的起司，再將起司包起。

4 將綠豆粉均勻撒在起司飯丸表面。

5 起司飯丸裹上蛋液後，將食用油倒入預熱好的平底鍋內，放入起司飯丸，煎至表皮呈金黃色即可。

6 以竹籤串起。

香蕉奇異果汁

主材料 香蕉2根、奇異果2顆、優酪乳2杯

1 香蕉去皮，與奇異果切小塊。

2 將香蕉、奇異果、優酪乳倒入果汁機內攪打成果汁。

【第三週星期一】　炒小香腸年糕、紫蘇籽炒蘿蔔絲、香菇湯

媽媽與女兒的密談早餐

　　火爐上煮著香氣迷人的香菇湯，紫蘇籽粉滿滿撒入炒蘿蔔絲中，在這食物香氣氤氳的早晨中，媽媽正在廚房裡一邊料理，一邊洋溢著幸福哼著歌。但是，看著這些食物盛裝在餐盤上的女兒，忽然皺起了眉頭。媽媽擔心著：「今天的早餐要被嫌棄了嗎？」最後擺上炒得甜甜辣辣的炒小香腸年糕，端上餐桌的瞬間，女兒不安的心態，這才平穩下來……。深愛彼此的媽媽與女兒，一邊吃著早餐，一邊展開母女間的私密對談。

請依此順序準備！

煮飯 ➔ 紫蘇籽炒蘿蔔絲料理至第2步驟 ➔ 炒小香腸年糕準備至第2步驟 ➔
香菇湯煮至第2步驟 ➔ 完成紫蘇籽炒蘿蔔絲 ➔ 完成炒小香腸年糕 ➔
完成香菇湯 ➔ 盛飯，與料理一起上桌

前晚準備更快速

・調製小香腸年糕辣炒醬。
・製作紫蘇籽炒蘿蔔絲。
・挑揀用於香菇湯的蔬菜，放入冰箱冷藏備用。

炒小香腸年糕

　　放入小香腸與珍珠年糕，以甜中帶辣的辣炒醬拌炒，即可完成這道配菜。小香腸可以用魚板代替；放入洋蔥、彩椒這類帶有甜味的蔬菜一起炒也不錯。

請準備以下食材！

主材料 小香腸8個、珍珠年糕2/3杯、黑芝麻粒1大匙、細蔥1根、食用油適量

辣炒醬 番茄醬4大匙、辣椒醬1/2大匙、辣椒粉1/2大匙、果糖2大匙、辣醬油2小匙

料理秘訣
可省略辣椒醬、
辣椒粉及辣醬油
以蠔油取代。

1 調製辣炒醬材料。

2 小香腸表面劃刀紋；細蔥切
　蔥花。

料理秘訣
珍珠年糕變硬時，可放
入滾水中汆燙後再料
理，比較能入味。

3 將食用油倒入預熱好的平
　底鍋內，再倒入辣炒醬煮
　滾。

4 放入小香腸、珍珠年糕，以
　中火炒至帶有光澤，再撒上
　黑芝麻粒、蔥花，即完成。

紫蘇籽炒蘿蔔絲

以紫蘇籽和紫蘇籽油，為這道炒蘿蔔絲增添更誘人的滋味。清淡而不刺激，當然最適合作為早餐的配菜。再加上一匙韓式辣椒醬和荷包蛋，也可以變身為美味的拌飯喔！

請準備以下食材！

主材料　白蘿蔔300g、細蔥2根、紫蘇籽粉2大匙、紫蘇籽油1大匙、醬油1小匙、蒜末1小匙、鹽少許

> **料理秘訣**
> 蘿蔔絲完全炒熟後再調味，可避免蘿蔔絲變硬不易下嚥。

> **料理秘訣**
> 紫蘇籽粉已調味過，因此鹽最後再放。

1 蘿蔔去厚皮切細絲；細蔥切蔥花。

2 將紫蘇籽油倒入平底鍋內，放入蘿蔔絲，以中火炒至蘿蔔絲完全軟化。

3 倒入蒜末、醬油拌炒，再蓋上鍋蓋燜軟。

4 待蘿蔔絲變得軟爛，撒上細蔥、紫蘇籽粉，最後以少許鹽調味。

香菇湯

　　香菇散發濃郁香氣的秋天，我經常以香菇入菜。單單將香菇放入小魚乾昆布高湯煮，就足以產生濃烈的香味。打入蛋液，撒上滿滿的紫蘇籽粉，就是一道紫蘇籽香菇湯。

請準備以下食材！

主材料　香菇1朵、秀珍菇60g、洋蔥1/4顆、大蔥1/2根、雞蛋1顆、
　　　　　小魚乾昆布高湯3杯、醬油1/2大匙、魚露1/2大匙、蒜末1/2小匙、
　　　　　胡椒粉少許

1 香菇切片；秀珍菇一株一株掰開；洋蔥切絲；大蔥斜切。

2 將高湯倒入湯鍋內，煮滾後，再放入香菇、洋蔥、蒜末煮。

3 以醬油、魚露調味後，打入蛋液。

4 撒入大蔥、胡椒粉，稍煮一會後，起鍋。

【第三週星期二】 火腿肉飯糰、柿餅沙拉

舀著吃的飯糰套餐

　　將滿滿的Q彈火腿肉，塞入如成人拳頭般大小的飯糰內，即可完成這道以湯匙舀著吃的火腿肉飯糰。是否打破了飯糰一定要用手拿著吃的成見？即使製作方式與飯糰相同，將火腿肉飯糰放入飯碗內，連同湯匙一起端上餐桌，孩子們肯定感到相當好奇，早早坐到餐桌前用餐。除了可搭配溫熱的湯品外，以滿滿的水果製成的水果沙拉，也能補足缺乏的營養喔！

請依此順序準備！

煮飯 ➜ 煎火腿肉；醃黃蘿蔔切丁 ➜ 完成柿餅沙拉 ➜ 完成火腿肉飯糰

火腿肉飯糰

　　每次看見溫熱的飯上鋪著一片火腿肉的廣告，總讓人口水直流～～。由於它是加工產品，我並不常用速食火腿肉來料理，不過為了孩子挑剔的胃口，偶爾也會用來作為刺激孩子食欲的處方箋。選擇較清淡的低鹽產品，料理前放入滾水中汆燙，去除食物中的食品添加物，才能用得更安心。

請準備以下食材！

主材料　飯2碗、火腿1/2條、飯捲用醃黃蘿蔔2小條、調味海苔粉2/3杯、鹽少許、
　　　　芝麻粒1/2大匙、芝麻油1小匙

1 火腿肉切成1公分大小的方
塊；醃黃蘿蔔切碎。

料理秘訣
火腿肉本身帶有油脂，
請勿使用食用油。

2 將火腿肉放入預熱好的平
底鍋內，以中小火煎熟。

3 將醃黃蘿蔔碎末、鹽、芝麻
粒、芝麻油倒入熱飯中，攪
拌均勻。

料理秘訣
或也可包入肉鬆。戴上
塑膠手套捏，飯粒才不
易黏手。

4 將飯丸鋪開呈圓形，正中間
擺上煎熟的火腿肉後，捏成
飯糰狀。

5 放入調味海苔粉中滾動。

柿餅沙拉

　　試著利用香甜的柿餅，親手製作古早味沙拉吧？甜柿含有成人一天所需的維生素A，而乾燥脫水後的柿餅則富含糖分與礦物質。若沒有柿餅，以甜柿或紅棗、生地瓜代替，也很適合這道甜蜜沙拉。

請準備以下食材！

主材料　柿餅1顆、蘋果1/2顆、西洋芹1根、花生1大匙

沙拉醬　美乃滋3大匙、砂糖1小匙、檸檬汁1/2小匙

1 西洋芹削皮，與蘋果、柿餅切丁；花生搗成碎花生粒。

2 調製沙拉醬材料。

3 將沙拉醬倒入柿餅、蘋果、西洋芹、花生內，攪拌均勻，即完成。

【第三週星期三】 法式草莓醬吐司、義式豆腐番茄沙拉

沒理由偏食的超人氣吐司

　　忙碌的早晨，當然不能錯過這道可輕鬆快速完成的法式吐司。將孩子喜歡的果醬抹在吐司中間，煎成厚片的法式吐司，吃起來香甜柔軟又有飽足感，在孩子不想吃飯的日子，最適合準備這道超人氣法式料理。另外，再搭配以滑嫩豆腐取代起司製成的義式豆腐番茄沙拉，即使是星期三的早晨，孩子們也沒有偏食的問題。

請依此順序準備！

調製沙拉醬 ➔ 蔬菜洗淨，瀝乾水分；番茄切片備用 ➔ 完成法式草莓醬吐司 ➔ 製作沙拉，淋上沙拉醬

前晚準備更快速

・調製沙拉醬。

法式草莓醬吐司

　　銀亮色的刀面由前往後劃下一刀，香甜的草莓醬便從法式吐司中間緩緩流出來，甜蜜的滋味令人無法抗拒。如果厚片吐司不方便煎，也可以先將麵包裹上蛋液下鍋煎，再抹上喜歡的果醬。這當然也是節省時間，讓料理更加輕鬆的方法之一。

主材料 吐司4片、雞蛋2顆、鮮奶油2大匙、草莓醬3大匙、起司片2片、奶油1大匙、食用油1大匙

料理秘訣
也可以用牛奶代替鮮奶油。

1 打蛋液，並倒入鮮奶油，攪拌均勻。

2 吐司塗抹草莓醬，再放上起司片，蓋上另一片吐司。

料理秘訣
以變硬的法國麵包代替吐司，沾滿蛋液後，放入烤箱內烘烤，也相當美味。

3 取吐司均勻裹上一層蛋液。

4 將食用油與奶油倒入預熱好的平底鍋內，待奶油融化後，放入吐司，煎至前後呈金黃色。

義式豆腐番茄沙拉

　　用莫札瑞拉起司和番茄組合成的義式番茄沙拉，總讓我家二女兒避而遠之。是因為討厭軟爛又淡而無味的起司嗎？所以我改用嫩豆腐，做成類似的義式番茄沙拉，二女兒這回倒是全部吃完，嘴上還說著：「比起司更香更柔嫩的滋味，非常對味呀！」

請準備以下食材！

主材料　嫩豆腐1塊、番茄1/2顆、綜合生食蔬菜少許

沙拉醬　橄欖油2大匙、芥末醬1/2大匙、巴薩米克醋1大匙、蜂蜜1/2大匙、鹽少許、胡椒粉少許

1 調製沙拉醬材料，放入冰箱冷藏。

2 將綜合生食蔬菜浸泡於冷開水中，再瀝乾水分。

料理秘訣
若有羅勒葉的話，可依序將豆腐➔番茄➔羅勒葉擺盤，搭配淋上沙拉醬的綜合生食蔬菜一起食用。

3 豆腐切厚片；番茄切半月形。

4 將番茄擺在豆腐上，淋上少許沙拉醬後，擺上綜合生食蔬菜。

【第三週星期四】 蘑菇起司蛋包飯、白菜湯

泡菜、起司，以及微笑……

　　餐桌上若是少了泡菜，孩子們總會感到些許失望……。無論是炒飯，還是火鍋，每一道料理無泡菜不歡。也許是因為這樣，每次為孩子準備加了泡菜、起司的蛋包飯，孩子們總是一股勁地稱讚媽媽煮的比外面賣的好吃。依照孩子們的飲食喜好準備料理，再看著他們吃得津津有味的樣子，做媽媽的自然是眉開眼笑。嘴中喊著自己幾年後就是成年人的孩子，在媽媽的眼中永遠是最寶貝的小朋友呀！

請依此順序準備！

冷凍飯解凍 ➡ 白菜湯煮至第1步驟 ➡ 泡菜起司蛋包飯料理至第5步驟 ➡
完成白菜湯 ➡ 完成蛋包飯並盛盤 ➡ 與白菜湯一起上桌

前晚準備更快速

・製作蛋包飯佐醬。
・製作白菜湯。

蘑菇起司蛋包飯

　　在炒飯中加入泡菜與起司，完成蛋包飯後淋上濃郁的醬汁，即可完成這道料理。在忙碌的早晨，雖然簡單地淋上番茄醬就行，不過若能搭配柔嫩開胃的佐醬，將可更加提升蛋包飯的滋味。

請準備以下食材！

主材料	飯1＋1/2碗、泡菜碎末1杯、洋蔥1/4顆、小熱狗100g、雞蛋3顆、披薩專用乳酪絲2/3杯、番茄醬3＋1/2大匙、奶油1大匙、食用油1大匙、鹽少許
調味醬	洋蔥1/4顆、蘑菇2朵、蒜末1小匙、奶油1大匙、調味粉2大匙、水2杯、番茄醬4大匙、辣醬油1/2小匙

料理秘訣
可用一般醬油取代辣醬油。

1 雞蛋打成蛋液；泡菜、洋蔥、小熱狗切碎；用於佐醬的洋蔥切絲；蘑菇切薄片，以少許鹽調味。

2 將1大匙奶油放入湯鍋內，再放入蒜末、洋蔥絲、蘑菇片拌炒。

3 倒入番茄醬炒勻，再倒入水、調味粉、辣醬油煮，製成蛋包飯佐醬。

4 將1大匙食用油、1大匙奶油倒入預熱好的平底鍋內，再倒入泡菜、洋蔥、小熱狗拌炒。

5 放入飯、番茄醬拌炒，再以鹽調味。

6 將食用油倒入另一個平底鍋內，倒入蛋液煎至半熟，再撒上乳酪絲，放上炒飯，以另一半蛋皮覆蓋，再淋上佐醬。

料理秘訣
可用玉米粒、紅蘿蔔丁、美生菜丁、蝦仁取代泡菜及小熱狗。

白菜湯

　　到了醃泡菜的季節，白菜開始成熟，變得更加美味。將白菜放入濃郁的牛肉高湯中煮，味道也不錯，不過放入甘醇的小魚乾昆布高湯中煮成白菜湯，才能真正帶出爽脆又甘甜的滋味。作為蛋包飯的配湯時，請注意不要煮得太鹹哦！

主材料　白菜心250g、小魚乾昆布高湯4杯、大蔥1/2根、韓式味噌醬2大匙、蒜末1小匙、鹽少許

1 白菜心一片一片掰開，置於
　流水下洗淨，切大片；大蔥
　斜切。

2 將小魚乾昆布高湯倒入湯
　鍋內，煮滾後，放入韓式味
　噌醬攪拌均勻，再放入白菜
　心、蒜末煮滾後，轉中火煮
　10分鐘以上。

3 以鹽稍微調味後，放入大蔥
　再稍煮一下，即完成。

【第三週星期五】 杯飯、豆腐起司輕食

享用如聖代般的美味杯飯早餐

　　放學一回到家的孩子，開始抱怨起來：教科書中介紹鷺梁津（＊位於首爾市銅雀區，以韓國最大的水產專門批發市場聞名）杯飯，害我整堂課都想吃杯飯，根本沒辦法專心聽課……。身為媽媽的我，立刻拿起智慧型手機查詢鷺梁津杯飯。原來是為了讓零用錢不夠的學生們吃個過癮，將各種高卡路里食物滿滿裝在大碗盤內的那類食物。隔天一早，我立刻拿出一個漂亮的玻璃杯，以媽媽牌配菜取代高熱量食物，製作出山寨版的杯飯，端到早餐餐桌上。要打動孩子，其實並不困難嘛。

請依此順序準備！

煮飯 ➜ 豆腐調味 ➜ 煎蛋皮 ➜ 鮪魚、泡菜調味 ➜ 蛋皮切蛋絲 ➜
完成豆腐起司輕食 ➜ 完成杯飯

前晚準備更快速

・煎蛋皮。

杯飯

　　雖然不像原版杯飯一樣，放入肉、香腸、豬排、牛排等食物，不過杯飯的飯上，可是滿滿盛裝著各種優質的食材。比起毫無誠意地直接擺在碗盤上的料理，媽媽牌不僅美味，也有益身體健康。

請準備以下食材！

主材料　飯1＋1/2碗、鮪魚罐頭1/2罐、泡菜碎末2/3杯、炒鯽魚4大匙、
　　　　　雞蛋1顆、蘿蔔芽菜少許、鹽少許、食用油少許

鮪魚調味醬　美乃滋2大匙、砂糖少許

泡菜調味醬　砂糖1/2小匙、芝麻油1/2小匙

1 瀝乾鮪魚罐頭的油脂後，倒入鮪魚調味醬攪拌均勻。

2 將食用油倒入預熱好的平底鍋內，放入泡菜碎末、泡菜調味醬拌炒，備用。

3 蛋液以少許鹽調味，將食用油倒入預熱好的平底鍋內，煎成蛋皮，放涼切絲。

4 依序將飯→炒泡菜→飯→鮪魚沙拉→飯→炒鯽魚→飯放入杯中，再擺上蛋絲與蘿蔔芽菜。

豆腐起司輕食

　　利用咖哩、豆腐與起司，便可製作出刺激孩子食欲的美味配菜。豆腐帶有些許鹹味，加上起司稍有嚼勁的口感，可不須另外調味。搭配淋上濃縮巴薩米克醋的沙拉，也相當美味。

＊濃縮巴薩米克醋
（Balsamic Reduction）
將砂糖、蜂蜜倒入巴薩米克醋中，煮至濃稠。

請準備以下食材！

主材料　豆腐1/2塊、起司片2片、麵粉2大匙、咖哩粉2大匙、鹽少許、
香芹粉少許、食用油少許

> **料理秘訣**
> 利用細篩，可在豆腐表面均勻撒上一層薄薄的煎餅粉。

1 豆腐撒上少許鹽調味，再去除水分。

2 混合麵粉與咖哩粉，過篩後均勻撒在豆腐兩面。

3 將食用油倒入平底鍋內，煎至豆腐呈金黃色。

4 起司片切花樣，擺在剛煎好的溫熱豆腐上，再撒上香芹粉。

4th Monday

【第四週星期一】 涼拌牛肉山芹菜、泡菜炒火腿、乾白菜牛骨湯

不必擔心便秘的清腸料理

　　富含 β-胡蘿蔔素的山芹菜，具有特殊的香氣，汆燙後做成涼拌菜就很好吃，而新鮮山芹菜本身口感柔嫩不老硬，直接做生菜沙拉也很適合。山芹菜加上牛肉，再拌入紫蘇籽醬，孩子肯定毫不猶豫地吃光光。再搭配上將韓式味噌醬拌入牛骨湯中煮成的香濃乾白菜湯，以及炒得微香的泡菜炒火腿，這樣一道纖維質豐富的早餐，正是讓腸胃舒適無負擔的星期一早餐。

請依此順序準備！

煮飯 ➡ 乾白菜牛骨湯煮至第3步驟 ➡ 牛肉汆燙後放涼 ➡ 製作泡菜炒火腿
➡ 調製紫蘇籽醬 ➡ 倒入山芹菜、牛肉中攪拌均勻，完成涼拌牛肉山芹菜
➡ 乾白菜牛骨湯調味後，撒上大蔥，與白飯一起上桌

前晚準備更快速

· 乾白菜牛骨湯煮至第3步驟。
· 製作泡菜炒火腿。
· 牛肉汆燙，置於冰箱冷藏。
· 調製紫蘇籽醬。
· 挑揀山芹菜。

涼拌牛肉山芹菜

　　涼拌牛肉山芹菜是我在沙拉自助餐店品嚐後，便經常端上家中餐桌的配菜。山芹菜不汆燙，直接料理成生菜沙拉，可以保留山芹菜的香氣；牛肉汆燙，待完全放涼後再料理，可避免將蔬菜燙熟。

主材料　涮牛肉片50g、山芹菜150g、水2杯、昆布1片

紫蘇籽醬　紫蘇籽粉2大匙、芝麻鹽2小匙、砂糖2小匙、美乃滋2＋1/2大匙、
　　　　　　淡芥末1/3小匙、食醋1大匙、鹽少許

1 將水、昆布放入湯鍋中，煮
　滾後放入涮牛肉片汆燙，取
　出放涼後再切小片。

2 調製紫蘇籽醬。

3 將山芹菜的粗莖切除，洗淨
　後，切成適合食用的大小。

4 取大碗盛裝山芹菜、放涼牛
　肉片，再倒入紫蘇籽醬輕輕
　攪拌。

＊淡芥末韓文為연겨자，由芥末與生薑等材料調製而成的液體狀芥末醬，置於軟管
　中販售，味道較一般芥末醬嗆。

泡菜炒火腿

在學校營養午餐中，最受孩子們喜愛的配菜之一，就是泡菜炒火腿。在泡菜中倒入少許砂糖，簡單拌炒就很好吃，如果再加入火腿一起料理，孩子們豈有討厭吃的道理。倒入小魚乾昆布高湯一起煮，即使沒有使用調味料，也能增添食物的好滋味。

請準備以下食材！

主材料　泡菜1/8片、火腿罐頭1/2罐、紫蘇籽油1大匙、小魚乾昆布高湯1/2杯

調味料　砂糖1小匙、辣椒粉1小匙、胡椒粉少許

> 料理秘訣
> 可用雞肉丁取代火腿。

> 料理秘訣
> 可省略辣椒粉。

1　泡菜擠乾水分後切碎；火腿切丁。

2　將紫蘇籽油倒入預熱好的平底鍋內，放入泡菜爆炒，再倒入高湯、砂糖，煮滾後轉中火。

3　煮至醬汁收乾後，放入火腿、辣椒粉、胡椒粉，再略炒，即可起鍋。

乾白菜牛骨湯

　　乾白菜含有豐富的纖維質，非常適合整天坐著讀書的孩子食用。將韓式味噌醬拌入牛骨湯，增添濃郁的滋味，再放入柔嫩的乾白菜與爽脆的黃豆芽，即可在週一早晨完成這一碗暖呼呼的乾白菜牛骨湯。

請準備以下食材！

主材料	牛骨湯5杯、汆燙乾白菜150g、黃豆芽50g、大蔥1/2根
調味醬	韓式味噌醬1＋1/2大匙、蒜末1/2大匙、辣椒粉1/2大匙、芝麻油1小匙、鹽少許、胡椒粉少許

> **料理秘訣**
> 可省略辣椒粉。

1 汆燙乾白菜洗淨後切碎；大蔥斜切；黃豆芽洗淨。

2 將調味醬倒入乾白菜內，攪拌至入味。

3 將牛骨湯倒入湯鍋內，煮滾後放入調味乾白菜、黃豆芽，待再次煮滾後轉中火繼續煮。

4 煮至均勻化開後，以少許鹽調味，再放入大蔥略煮，即可起鍋。

【第四週星期二】豬排沙拉飯捲、魚板烏龍麵

專為不吃蔬菜孩子設計的飯捲

　　說到炸豬排定食，腦中自然會浮現一盤盛裝著炸得金黃酥脆的豬排、高麗菜絲與醃黃蘿蔔片的套餐。孩子雖然喜歡吃炸豬排，對蔬菜卻避而遠之。不過若是將酥脆的炸豬排與高麗菜絲，全部放進飯捲中捲起，孩子自然不會挑食，一口氣吃進嘴中。另外再搭配放入魚板煮成的一人份烏龍麵，不但早餐吃得飽，也可以作為配湯的替代品。

請依此順序準備！

煮飯 ➡ 蔬菜切絲醃漬 ➡ 魚板烏龍麵料理至第2步驟 ➡ 完成豬排沙拉飯捲
➡ 放入烏龍麵、油豆腐，完成魚板烏龍麵 ➡ 泡菜切片一起上桌

前晚準備更快速

・用於豬排沙拉飯捲的蔬菜切絲，放入密封容器內，置於冰箱冷藏。

豬排沙拉飯捲

　　這是一道可以同時吃到豬排與沙拉、米飯的速食飯捲。當然，這是為了不太吃蔬菜的孩子所設計的餐食，以芝麻葉包住沙拉，是避免沙拉影響豬排酥脆口感的秘訣喔！

請準備以下食材！

主材料 飯1＋1/2碗、海苔2片、市售炸豬排1片、醃黃蘿蔔2條、高麗菜1片、紅蘿蔔1/2根、小黃瓜1/4根、芝麻葉2片、美乃滋1＋1/2大匙、鹽少許、食用油少許

飯調味醬 鹽少許、芝麻油1/2小匙、芝麻粒1/2小匙

1 將高麗菜、紅蘿蔔、小黃瓜切絲，撒上鹽醃漬後，以棉布包起擠乾水分。

2 倒入美乃滋，製作生菜沙拉。

3 豬排炸熟後，切成醃黃蘿蔔條的大小。

4 將飯調味醬倒入熱飯中攪拌均勻。

料理秘訣
醃黃蘿蔔可省略。

5 將飯平鋪在海苔上，放上豬排、醃黃蘿蔔。

6 芝麻葉切半，置於豬排與醃黃蘿蔔上，上面再擺好生菜沙拉，捲成飯捲後，切成一口大小。

魚板烏龍麵

　　若能用柴魚片煮出高湯，作為定食的配湯，當然是最好的，不過在忙碌的早晨嘗試過幾次後，便以放棄收場。所以我經常使用烏龍麵湯頭代替配湯，不過為了表示誠意，另外加入平日煮好備用的小魚乾昆布高湯一起煮。一般簡單撒上蔥花即可完成，或是以茼蒿或海苔屑代替變換口味也不錯。

主材料　魚板6塊、冷凍烏龍麵1包、油豆腐1片、細蔥1根、小魚乾昆布高湯3杯、烏龍麵湯頭2大匙

1 油豆腐切長條；細蔥切蔥花。

2 將小魚乾昆布高湯、烏龍麵湯頭、魚板放入湯鍋內煮滾後，轉中火再煮約5分鐘。

> 料理秘訣
> 如果沒有烏龍麵湯頭，可使用1大匙日式昆布或香菇醬油、1小匙魚露調味。

3 放入冷凍烏龍麵、油豆腐，煮熟後盛碗，撒上蔥花。

【第四週星期三】 🍴 英式馬芬三明治、地瓜拿鐵

複製名店的超人氣馬芬三明治

　　上班族急忙出門上班後，在公司附近快速解決的知名馬芬三明治，其清淡的滋味作為孩子們的早餐，也很受歡迎。偶爾像這樣複製超人氣料理，作為早餐菜單的創意，還能達到加速孩子們用餐時間的效果。孩子們最喜歡的人氣料理是什麼呢？今天也這麼煞費心思為孩子準備好吃的食物，覺得自己真是超人媽媽呀！

請依此順序準備！

蒸地瓜 ➜ 製作英式馬芬三明治 ➜ 將蒸熟的地瓜、牛奶、蜂蜜放入果汁機內，打成地瓜拿鐵 ➜ 與水果一起上桌

英式馬芬三明治

　　將煎蛋、起司、火腿片夾入圓形的英式馬芬中,即可完成這道英式馬芬三明治。如果冰箱中有番茄或生菜、培根、彩椒,也都可以夾入三明治中,製作出更豐盛的三明治。

請準備以下食材！

主材料　英式馬芬2片、雞蛋2顆、起司片2片、火腿片4片、蜂蜜芥末醬2大匙、鹽少許、食用油少許

1 以麵包刀將英式馬芬切半，置於平底鍋烘烤。

2 內面塗抹蜂蜜芥末醬。

料理秘訣
請以湯匙或筷子調整煎蛋形狀，使煎蛋與馬芬大小吻合。

3 將食用油倒入預熱好的平底鍋內，打入雞蛋，撒上少許鹽後，完成煎蛋。

4 將起司➡煎蛋➡火腿片依序放上馬芬，再蓋上塗抹蜂蜜芥末醬的馬芬。

地瓜拿鐵

主材料　地瓜1顆、牛奶2杯、蜂蜜2大匙

1 地瓜去皮，放入蒸籠內蒸熟。
2 將蒸熟的熱地瓜、熱牛奶、蜂蜜倒入果汁機，打成地瓜拿鐵。

4th Thursday

【第四週星期四】 炸雞美乃滋蓋飯、泡菜沙拉

適合活動量大孩子的炸物早餐

　　「早餐吃炸雞？這怎麼行！」你是否也這麼想？將雞腿肉醃漬調味後，在平底鍋內倒入足量的食用油，放入雞腿肉油煎成炸雞塊，擺在白飯上，再淋上醬汁，即可完成這道雞肉美乃滋蓋飯。完成這道調理方式有如炒飯一樣簡單的料理後，看著津津有味地享用著早餐的孩子，不禁為自己的平白操心感到啞然。倒入濃郁的紫蘇籽醬攪拌而成的泡菜沙拉中，雖然含有韭菜、紅棗與小黃瓜，孩子們卻不會偏食，全部吃得一乾二淨。

請依此順序準備！

煮飯 ➡ 雞肉醃漬 ➡ 煎蛋皮 ➡ 完成泡菜沙拉 ➡ 蛋皮切蛋絲；細蔥切蔥花
➡ 完成雞肉美乃滋至第3步驟 ➡ 與切好的水果一起上桌

前晚準備更快速

・雞肉醃漬。
・製作泡菜沙拉。

炸雞美乃滋蓋飯

　　相當受到歡迎的便當品項──雞肉美乃滋蓋飯，最適合給活動量大的孩子當作早餐。肉品方面，選用雞腿肉較有嚼勁且美味，不過以雞里肌肉或雞胸肉代替也行。由於熱量較高，飯量應準備得比平時要少。

請準備以下食材！

主材料　飯1＋1/2碗、雞腿肉2塊、海苔1/2片、細蔥1根、豬排醬2大匙、美乃滋2大匙、食用油少許

雞肉醃醬　醬油1/2大匙、清酒1大匙、生薑汁1/2小匙、胡椒粉少許

炸麵衣　雞蛋1/2顆、綠豆澱粉4大匙

蛋　液　雞蛋2顆、砂糖1/2大匙、清酒1/2小匙、鹽1/4小匙

料理秘訣
雞腿肉料理時間比雞里肌肉或雞胸肉長，切塊時最好劃些刀紋。

料理秘訣
調好的蛋液再過篩一次，可使煎出的蛋皮較平整。

1　雞腿肉切成一口大小，以雞肉醃醬醃漬。

2　將少許食用油倒入預熱好的平底鍋內，倒入蛋液煎成蛋皮，放涼後切蛋絲。

3　雞蛋打入醃過的雞腿肉內，輕輕攪拌後，再拌入綠豆粉。

4　在小平底鍋內倒入足量的食用油，不斷翻煎雞腿肉，煎至前後呈金黃色，再放上篩網，瀝除多餘的油脂。

5　白飯盛盤，擺上蛋絲，再放上炸雞塊。

6　來回淋上美乃滋、豬排醬後，撒上切絲的海苔，再撒上蔥花。

泡菜沙拉

　　泡菜洗淨後，與蔬菜一起淋上紫蘇籽醬，攪拌均勻，即可完成這道泡菜沙拉。雖然一般使用白泡菜，不過以完全熟成的白菜泡菜代替，還能輕鬆提升料理的滋味。比起紅通通的泡菜，這道泡菜沙拉與油膩的主菜更是絕配。

請準備以下食材！

主材料	泡菜2片、紅棗2顆、小黃瓜1/4根、梨子1/8顆、細韭菜20g
沙拉醬	美乃滋2大匙、淡芥末1/2小匙、紫蘇籽油2大匙、食醋1＋1/2大匙、砂糖1/2大匙、鹽1/4小匙

1 調製沙拉醬。

2 泡菜淘洗後擠乾水分，切成小片；小黃瓜、紅棗、梨子切絲；細韭菜也切成相同長度。

3 取容器放入所有準備好的材料，輕輕攪拌均勻，即完成。

【第四週星期五】　涼拌菜豆皮壽司、地瓜沙拉

餐桌上滿是涼拌菜的綠色早晨

　　有時總會遇上家中冰箱只剩許多涼拌菜的日子。這種時候，大多將涼拌菜放在飯上，倒入辣椒醬，再擺上一顆荷包蛋，最後淋上紫蘇籽油，完成一道拌飯，不過若是將拌勻的拌飯裝入油豆腐內，就能變身為充滿媽媽心意的全新料理。這道豆皮壽司可搭配熱湯，或是搭配溫熱且清爽柔嫩的地瓜沙拉，也相當適合。

請依此順序準備！

涼拌菜豆皮壽司準備至第3步驟 → 蒸地瓜 → 調製沙拉醬 →
完成涼拌菜豆皮壽司 → 完成地瓜沙拉

前晚準備更快速

・涼拌菜切碎備用。
・牛絞肉炒熟備用。
・調製沙拉醬。

涼拌菜豆皮壽司

　　豆皮壽司內的涼拌菜，可使用任何一種涼拌菜。蘿蔔涼拌菜也好，綠豆芽涼拌菜也行，蕨菜或馬蹄菜這類乾癟涼拌菜也很適合。只是水分過多時，可能使米飯變得黏稠，應特別注意。而調味油豆腐已經帶有鹹味，料理拌飯時，應稍微清淡一些。

請準備以下食材！

主材料 飯1＋1/2碗、調味油豆腐12片、牛絞肉100g、菠菜涼拌菜1/2杯、
黃豆芽涼拌菜1/2杯、辣椒醬1大匙、芝麻油1/2大匙、芝麻粒1小匙、
鹽少許、食用油少許

牛肉醃醬 醬油1/2大匙、砂糖1小匙、蒜末1/2小匙、芝麻油1小匙、胡椒粉少許

1 牛絞肉去除血水，倒入牛肉
醃醬醃漬。

2 將少許食用油倒入預熱好
的平底鍋內，放入瀝乾水分
的牛絞肉翻炒至熟、水分收
乾。

> 料理秘訣
> 辣椒醬可省略。

3 將菠菜涼拌菜、黃豆芽涼
拌菜切碎，與炒牛絞肉、辣
椒醬、芝麻油、芝麻粒一起
放入熱飯中，完成拌飯。

> 料理秘訣
> 將調味油豆腐稍微擠
> 乾醬汁後再使用，可
> 避免料理過鹹。

4 將拌飯塞入調味油豆腐內。

地瓜沙拉

　　這道地瓜沙拉不是將地瓜搗成泥，冷藏後製成的沙拉，而是趁地瓜溫熱時，拌入沙拉醬製成的沙拉。美味濃稠的沙拉醬滲入溫熱的地瓜中，更增添香甜軟嫩的滋味。

請準備以下食材！

主材料 地瓜2顆、嫩葉蔬菜1/2杯

沙拉醬 芥末籽醬1/2大匙、美乃滋2大匙、原味優格1大匙、辣椒醬（Hot Sauce）1小匙、蜂蜜1/2大匙、洋蔥末2大匙、花生奶油1/2大匙、鹽少許、胡椒粉少許

料理秘訣
辣椒醬可省略。

料理秘訣
也可以將地瓜丁放入耐熱容器中，倒入少許水分，以保鮮膜覆蓋後，放入微波爐內加熱。

1 調製沙拉醬。

2 地瓜去皮切丁，放入蒸鍋內蒸熟，取出。

3 趁地瓜溫熱時拌入沙拉醬，盛盤後再擺上嫩葉蔬菜，即完成。

冬天

可享用的當季食材

蓮藕│蜂蜜│海藻│明太魚乾│結頭菜│白菜

＊冬天菜單中的海藻，為狀似髮菜的綠藻類海藻，盛產於韓國全羅北道長興邑，長
可至15公分，寬約0.2～0.5公分

PART 04
Winter

 Scheduler

酥煎藕片
鮪魚肉燒豆腐
涼拌酸泡菜

年糕排骨咖哩醬蓋飯
杏鮑菇沙拉
泡菜

醬燒鮭魚
鍋巴湯
炒櫛瓜
涼拌白菜

海藻麵疙瘩湯
醬油雞蛋
泡菜

蘿蔔菜飯
炒明太魚乾
海苔綠豆涼粉

嫩豆腐清湯
牛肉蔬菜煎餅
涼拌小黃瓜

橡實凍飯
培根炒豆腐

年糕水餃牛骨湯
牡蠣煎餅
泡菜

三明治日
！！

Wednesday	Thursday	Friday

麻糬吐司
水果沙拉
熱巧克力

紫蘇小年糕湯
涼拌青蔥魷魚絲
泡菜

鮮蔬培根包飯
明太魚馬鈴薯湯
水果

地瓜濃湯
結頭菜沙拉

田螺大豆醬蓋飯
芙蓉嫩芽沙拉
泡菜

漬物飯捲
魚板湯
水果

烤切糕+蜂蜜
紅柿醬沙拉
豆漿麵茶

黃豆芽湯飯
泡菜鮪魚煎餅
水果

泡菜起司飯捲
豆腐牡蠣湯
水果

紅豆甜湯
肉桂糖霜吐司
水果

海鮮炒飯
雞肉高麗菜沙拉
水果

泡菜鍋烏龍麵
飛魚卵飯丸
水果

＊料理名稱以顏色標示者，為方便消化，又能在早上吃得輕鬆無負擔的料理。

【第一週星期一】 酥煎藕片、鮪魚燒豆腐、涼拌酸泡菜

暖呼呼的星期一早晨

　　每到寒冷的早晨，孩子們總會想吃熱騰騰的食物。雖然有些費勁，還是端出了剛煎好熱呼呼的蓮藕，以及放入孩子們喜歡吃的鮪魚，再燒得香噴噴的醬燒豆腐。另外，將長時間醃漬而熟透的老泡菜洗淨，淋上美味的紫蘇籽油，攪拌成涼拌酸泡菜，也可以代替紅泡菜當作配菜來吃。這樣的食物組合，即使是沒有胃口的早晨，孩子們也能吃得一乾二淨。

請依此順序準備！

煮飯 ➜ 蓮藕切片汆燙 ➜ 鮪魚燒豆腐料理至第3步驟 ➜ 煎蓮藕 ➜
完成鮪魚肉燒豆腐 ➜ 完成涼拌酸泡菜

前晚準備更快速

‧將蓮藕切片，浸泡於食醋中。
‧完成涼拌酸泡菜。

酥煎藕片

　　富含食物纖維的蓮藕，大多燉煮後作為配菜食用，不過孩子們的接受度並不高，然而裹上麵衣後煎成的蓮藕片，其口感酥脆而滋味清淡，孩子們都喜歡吃。將蓮藕片放入滾水中完全燙熟後，再裹上麵衣稍稍煎過，就能輕鬆完成這道酥煎藕片。

請準備以下食材！

主材料	蓮藕1根、食用油少許
煎餅糊	煎餅粉2/3杯、水1/2杯、醬油1/2大匙、芝麻油1/2大匙、黑芝麻粒1大匙

> **料理秘訣**
> 在水中倒入少許食醋，可避免蓮藕變褐色。

1 蓮藕洗淨，去皮，切片，浸泡冷水中。

2 將蓮藕片放入湯鍋內，倒入可蓋過蓮藕片的水量，灑上少許的海鹽，以中火煮滾後，再續煮10分鐘，取出，放入冷水中清洗。

> **料理秘訣**
> 將煎餅粉放入塑膠袋內，再放入蓮藕片，輕輕搖晃，就可輕易裹上煎餅粉。

3 調製煎餅糊。

4 將燙熟的蓮藕片裹上煎餅粉，再放入煎餅糊中。將食用油倒入預熱好的平底鍋內，放入蓮藕片，煎至兩面呈金黃色，即成。

Monday

鮪魚燒豆腐

　　放入孩子們喜歡吃的鮪魚罐頭一起料理，即可為這道醬燒豆腐增添迷人的滋味。多花一些時間以中火烹煮，讓豆腐滲透醬燒醬的味道，會更加美味。

請準備以下食材！

主材料　豆腐1/2塊、鮪魚罐頭1罐、洋蔥末3大匙、細蔥1根

燒煮醬　醬油1＋1/2大匙、辣椒醬1小匙、辣椒粉1小匙、砂糖1/2小匙、蒜末1小匙、芝麻油1/2小匙、芝麻粒1小匙、胡椒粉少許、水3大匙

1 細蔥洗淨切蔥花；豆腐切厚片。

2 調製燒煮醬。

料理秘訣
可以以蠔油取代辣椒醬，並省略辣椒粉。

3 將洋蔥末平均鋪滿湯鍋，蓋上豆腐片後，放入已去除油脂的鮪魚罐頭肉，淋上燒煮醬。

4 以中火燒煮至豆腐入味後，撒上蔥花，再略煮，即完成。

涼拌酸泡菜

　　如果家中有發酸的老泡菜，不妨拿來做炒泡菜，或是簡單洗淨後涼拌。以砂糖與糖漬梅汁中和酸味，再以紫蘇籽油提味，就可以變成孩子們喜歡的配菜。除了白菜泡菜外，將蘿蔔泡菜切絲後，以相同方式料理，味道也不錯。

請準備以下食材！

主材料　老泡菜1/8片、細蔥2根

調味醬　砂糖1/2小匙、糖漬梅汁1小匙、紫蘇籽油2小匙、芝麻粒1/2大匙

料理秘訣
將泡菜浸泡於水中，味道將會流失，只要像洗去醬料那樣沖洗即可。

1 去除老泡菜的醬料，放置於流動水下清洗至看不見辣椒粉，再擠乾水分後，用冷開水沖淨，切長條。

2 細蔥切蔥花，放入老泡菜內，再倒入調味醬，攪拌均勻。

【第一週星期二】 年糕排骨咖哩醬蓋飯、杏鮑菇沙拉

將剩餘料理再變身的創意料理

　　孩子曾經說過，早上吃咖哩，感覺像是把昨晚吃剩的食物再重新端上桌。但是發揮一點創意，將濃郁滑順的咖哩醬汁滿滿淋在年糕排骨上，就可以變身為一道富有巧思，看起來又氣勢十足的早餐。再搭配上以清爽醬汁調味的杏鮑菇，為年糕排骨放上一片起司，最後淋上滿滿醬汁，就是一道不輸咖哩專賣店的豐盛早餐。因為有孩子們喜歡吃的年糕排骨和咖哩，肯定會受到孩子們的喜愛吧？

請依此順序準備！

煮飯 ➜ 杏鮑菇煎好放涼 ➜ 調製沙拉醬 ➜ 煮咖哩醬 ➜ 煎年糕排骨 ➜
完成沙拉並盛盤 ➜ 年糕排骨咖哩醬蓋飯盛盤 ➜ 與泡菜一起上桌

前晚準備更快速

・調製沙拉醬。
・煮咖哩醬。

年糕排骨咖哩醬蓋飯

　　煮得濃郁滑順的咖哩醬，除了搭配年糕排骨和漢堡排外，也很適合炸豬排。倒入牛奶一起煮，可以讓咖哩塊鹹而粗糙的口感變得柔嫩順口。年糕排骨配上咖哩，熱量高又具有飽足感，因此飯量最好比平時少一些。

請準備以下食材！

主材料 飯1＋1/2碗、韓式年糕排骨2塊、起司片2片、洋蔥1/2顆、蘑菇2朵、
水2杯、咖哩塊2塊、牛奶1/2杯、食用油少許

1 洋蔥切絲；蘑菇切片。

2 將食用油倒入湯鍋內，放入
洋蔥與蘑菇，炒至洋蔥呈透
明色為止。

3 將水倒入湯鍋內，煮滾後
放入咖哩塊，溶化後倒入
牛奶，再煮一會後完成咖哩
醬。

4 將市售年糕排骨放入預熱
好的平底鍋內煎熟。

料理秘訣
可直接使用漢堡排。

5 飯上依序擺好年糕排骨、起
司片，最後淋上咖哩醬。

杏鮑菇沙拉

　　杏鮑菇特有的香菇氣味較不濃烈，即使是討厭吃香菇的孩子，也應該能接受。雖然有些麻煩，不過菇類應均勻煎熟，才適合與沙拉一起料理，不會釋出過多水分。

請準備以下食材！

主材料　杏鮑菇2株、嫩葉蔬菜1杯、鹽少許、胡椒粉少許、橄欖油1大匙

沙拉醬　醬油1大匙、蠔油1/2小匙、食醋1大匙、芝麻油1大匙、橄欖油1大匙、
　　　　　洋蔥末2大匙、蔥花1大匙、芝麻粒1小匙、胡椒粉少許

> 料理秘訣
> 也可以利用家中剩餘的其他菇類。

1 杏鮑菇切大片。

2 將橄欖油倒入預熱好的平底鍋內，放入杏鮑菇，撒上鹽、胡椒粉，均勻煎熟後放涼。

3 調製沙拉醬。

4 將煎好的杏鮑菇、嫩葉蔬菜放入碗中，淋上沙拉醬。

【第一週星期三】 麻糬吐司、水果沙拉、熱巧克力

富趣味的QQ黃豆麻糬吐司套餐

　　將麻糬夾入吐司間,放入微波爐微波,麻糬受熱膨脹,就像起司一樣可以拉起Q彈的長絲,孩子們都很喜歡。由於麻糬與麵包一起食用,相當具有飽足感,所以完成麻糬吐司後,切半再食用,才不會攝取過多。再搭配上拌入原味優格沙拉醬製成的水果沙拉,以及一杯香甜的熱巧克力,就能完美組合成一道超人氣的早餐。

請依此順序準備!

調製沙拉醬 ➡ 麻糬吐司料理至第3步驟 ➡ 完成水果沙拉並盛盤 ➡
沖泡熱巧克力 ➡ 完成麻糬吐司並盛盤

前晚準備更快速

・麻糬切塊。
・調製沙拉醬。

麻糬吐司

　　麻糬的嚼勁，搭配上黃豆粉、堅果類的清香與蜂蜜的甘甜，組合成這道擄獲孩子味蕾的麻糬吐司。麵包微波後取出，經過一段時間容易變得軟韌，最好在食用前才微波。如果想要事先做好麻糬吐司，一段時間後才食用，請放入烤箱烘烤，不必使用微波爐。

請準備以下食材！

主材料　吐司2片、麻糬6顆、蜂蜜1大匙、碎花生2大匙、黃豆粉2大匙、
杏仁片1大匙、肉桂粉少許

1　麻糬縱切兩半；吐司先以烤
麵包機烘烤。

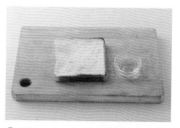

2　將烤過的吐司均勻抹上1小
匙蜂蜜。

料理秘訣
放入微波爐，加熱至麻
糬膨脹後，即可取出。

3　將麻糬擺滿吐司，撒上碎花
生、肉桂粉後，再淋上1小
匙蜂蜜，蓋上另一片吐司。

4　微波30秒至1分鐘後，撒上
黃豆粉、杏仁片，最後均勻
淋上1小匙蜂蜜。

水果沙拉

　　使用果汁含量不多的水果，淋上清爽軟嫩的優格沙拉醬，就能簡單完成這道水果沙拉。撒上孩子們喜歡的穀片，更可以提升美味度與營養價值喔！

請準備以下食材！

主材料　蘋果1/2顆、香蕉1根、奇異果1顆、穀片2大匙

沙拉醬　美乃滋2大匙、原味優格3大匙、砂糖1/2小匙、檸檬汁1小匙、鹽少許

1 調製沙拉醬。

2 蘋果、香蕉、奇異果全部切成一口大小。

3 將沙拉醬倒入水果丁內，攪拌均勻後盛盤，撒上穀片。

熱巧克力

主材料　牛奶2杯、巧克力粉2包

1 將牛奶放入微波爐中，加熱約30秒。
2 倒入巧克力粉，攪拌均勻，避免結塊。

【第一週星期四】紫蘇小年糕湯、涼拌青蔥魷魚絲

滿滿的雪球泡在美味的湯裡

　　只要有小魚乾昆布高湯，就能輕鬆煮出年糕湯，所以每到冬天，我經常準備這道料理。尤其有如雪人模樣的珍珠年糕，不僅食用方便，而且只要撒上紫蘇籽粉，就能兼顧美味與營養。另外將蒸得柔嫩的魷魚絲，拌入不辣的汆燙細蔥，這樣的配菜孩子們也很願意吃，這種時候，總會覺得我家孩子的胃口變成熟了呢！

請依此順序準備！

細蔥汆燙 ➡ 煮紫蘇小年糕湯 ➡ 魚絲蒸軟，完成涼拌青蔥魷魚絲 ➡
年糕湯盛碗，撒上海苔粉 ➡ 與泡菜一起上桌

前晚準備更快速

・完成涼拌青蔥魷魚絲。
・海苔剪碎備用。

紫蘇小年糕湯

　　撒上紫蘇籽粉的年糕湯，與香菇相當搭配。如果孩子平常不太吃香菇，準備這道料理時，不必將香菇切碎絲，切大片放入一起煮即可。至於珍珠年糕，可以用一般湯用年糕片代替；若以麵疙瘩代替年糕，還可以輕鬆變身為紫蘇籽麵疙瘩湯。

請準備以下食材！

主材料　珍珠年糕2杯、香菇2朵、大蔥1/2根、小魚乾昆布高湯4杯、
　　　　　紫蘇籽粉4大匙、醬油1大匙、蒜末1/2小匙、鹽少許、食用油少許

1 大蔥斜切；香菇切片。

2 將高湯倒入湯鍋內，煮滾後放入珍珠年糕、香菇、醬油、蒜末煮。

3 煮至珍珠年糕浮起，再撒上紫蘇籽粉、大蔥，以鹽調味。

料理秘訣
可用小湯圓取代珍珠年糕。

涼拌青蔥魷魚絲

　　魷魚絲如果料理不當,容易變得乾澀堅硬,成為餐桌上不受歡迎的料理。如果料理前蒸過,再拌入美乃滋,就可以避免這樣的問題。細蔥汆燙過後,可去除食材的辣味,留下甜味,孩子們自然吃得津津有味。

請準備以下食材! 🌙

主材料　細蔥100g、魷魚絲50g、芝麻粒1小匙、芝麻油1/2小匙、美乃滋4小匙

調味醬　辣椒醬3大匙、辣椒粉1/2大匙、食醋4小匙、蒜末1小匙、砂糖1/2大匙、糖漬梅汁1大匙

1 細蔥挑揀後,將少許鹽撒入滾水中,由白色部分放入細蔥,稍微汆燙,再取出,放入冷水中清洗。

2 將魷魚絲剪成適合食用的大小,放入蒸籠內蒸3分鐘。

3 將美乃滋倒入蒸軟的魷魚絲內,攪拌均勻;細蔥切4公分長絲。

4 調製調味醬,放入細蔥與魷魚絲,攪拌均勻後,倒入芝麻油、芝麻粒,再攪拌一遍。

【第一週星期五】 鮮蔬培根包飯、明太魚馬鈴薯湯

以培根代替肉品的一口蔬果包飯

　　不容易吃到新鮮蔬菜的季節，就用四季都出產的萵苣來製作早餐的飯捲吧！選用去除大量油脂的培根代替五花肉，再放入豆腐、鹹味較淡的包飯醬，捲成一口大小的蔬菜包飯，讓孩子們愛不釋口。再搭配上使用明太魚乾和馬鈴薯，煮成柔嫩美味的馬鈴薯湯，更能補充缺乏的養分。

請依此順序準備！

煮飯 ➡ 明太魚馬鈴薯湯煮至第4步驟 ➡ 調製豆腐包飯醬 ➡
培根汆燙後煎熟；萵苣洗淨備用 ➡ 完成明太魚馬鈴薯湯 ➡
完成鮮蔬培根包飯

前晚準備更快速

‧調製豆腐包飯醬。
‧挑揀萵苣，放入冰箱冷藏。

鮮蔬培根包飯

　　雖然蔬菜包飯少不了五花肉，不過早餐吃五花肉總是有些負擔，因此這道蔬菜包飯使用培根，而非煎得滋滋作響、香味濃烈的五花肉。在料理培根前，先以滾水汆燙過再煎，便可完成少油又清淡的鮮蔬培根包飯。

請準備以下食材！

主材料　飯2碗、培根3片、萵苣8片

豆腐包飯醬　豆腐1/4塊、韓式味噌醬2大匙、辣椒醬1小匙、砂糖1/2小匙、
　　　　　　　芝麻油1小匙、芝麻粒1小匙

料理秘訣
培根稍微汆燙，可以
去除油脂。

1 以刀背壓碎豆腐，與豆腐包
　飯醬攪拌均勻。

2 將培根放入滾水中汆燙，再
　放入平底鍋內煎，完成後取
　出切絲。

3 將熱飯捏成一口大小。

4 萵苣縱切兩半，捲成圓筒
　狀，再放入白飯，擺上豆腐
　包飯醬與培根。

料理秘訣
辣椒醬可省略。

明太魚馬鈴薯湯

　　高蛋白、低脂肪的明太魚，幾乎沒有膽固醇，營養價值高，是對發育期孩子非常好的食物，搭配軟嫩的馬鈴薯和雞蛋一起煮，就是一道營養滿分的湯品，適合搭配任何一種料理，因此我經常準備給孩子吃。

主材料　明太魚乾2杯、馬鈴薯1顆、洋蔥1/4顆、雞蛋1顆、大蔥1/2根、蒜末1小匙、
芝麻油1大匙、蝦醬1大匙、昆布高湯4杯、鹽少許

1 將明太魚乾置於流水下稍
　微潤濕，剪成適合食用的大
　小。

2 馬鈴薯、洋蔥切絲；大蔥斜
　切；雞蛋打成蛋液。

料理秘訣
將蝦醬置於細篩上，以湯
匙輕壓，再倒入湯鍋中，
可使湯汁更加純淨。

3 將芝麻油倒入湯鍋內，放
　入明太魚乾、蒜末拌炒，
　炒熟後放入馬鈴薯稍微炒
　過，再倒入昆布高湯煮。

4 放入洋蔥、蝦醬，以少許鹽
　調味後，倒入蛋液煮成蛋
　花，再撒上大蔥，略煮一下
　後，即完成。

【第二週星期一】 鍋巴湯、醬燒鮭魚、炒櫛瓜、涼拌白菜

方便使用於早餐的鮭魚料理

　　魚肉煎得再怎麼好，也免不了衣服會有殘留魚腥味，在料理魚時熱油噴濺，再加上食用時又要小心別除魚刺的不便，所以在我們家的早餐餐桌上，很難看到魚肉料理。不過有一道魚肉料理例外，那就是醬燒鮭魚。將表面稍微煎過，再倒入醬油煮至入味即可，步驟簡單，味道又不重，更重要的是沒有魚刺，孩子們不必花時間別除魚刺，方便食用。也許是因為有喜歡的配菜，吃炒櫛瓜、涼拌白菜時，孩子們眉頭也沒有皺一下，全部將餐桌的食物一掃而空，這不正是創造媽媽和孩子雙贏的早餐嗎？

請依此順序準備！

料理醬燒鮭魚 ➡ 完成炒櫛瓜 ➡ 煮鍋巴湯 ➡ 完成涼拌白菜 ➡ 盛盤上桌

前晚準備更快速

· 完成炒櫛瓜。
· 完成涼拌白菜。

醬燒鮭魚

　　為了辛苦念書，臉上帶著黑眼圈的大女兒，我經常料理鮭魚作為配菜。鮭魚是高蛋白、低卡路里的食材，更富含不飽和脂肪酸Omega-3及維生素B、A、E，對孩子的成長是再好不過的食物。請試著放下對魚肉的偏見，大膽嘗試以魚肉料理作為早餐的配菜吧！

請準備以下食材！

主材料　鮭魚300g、大蒜3瓣、生薑1/2塊、香菇2朵、大蔥1/2根、食用油1大匙

鮭魚調味料　鹽1/2小匙、胡椒粉少許

醬燒醬　水1/2杯、醬油3大匙、砂糖2小匙、料理酒3大匙、果糖1大匙、胡椒粉少許

1 鮭魚以調味料醃漬。

2 香菇切厚片；大蔥切3公分長；大蒜、生薑切片。

料理秘訣
將鮭魚表面稍微煎熟，可避免魚肉碎開。

3 將食用油倒入預熱好的平底鍋內，放入鮭魚，兩面煎至熟，先取出。

4 將醬燒醬材料、大蒜、生薑放入平底鍋內，煮至冒泡後，再放入鮭魚、香菇、大蔥煮至快收汁，即完成。

鍋巴湯

主材料　鍋巴120g、水3杯

1 鍋巴折成大片。
2 將鍋巴、水倒入湯鍋內，開大火，以湯勺攪拌，煮至鍋巴化為適合食用的大小。

炒櫛瓜

　　孩子們不喜歡吃的配菜之一，就是炒櫛瓜。不妨用紫蘇籽油炒過，增加料理的清香，再以蝦醬取代鹽調味，讓食物更加開胃。如果孩子不喜歡吃櫛瓜，將櫛瓜切成與其他蔬菜一樣的細絲再料理，也是不錯的應變方法哦！

請準備以下食材！

主材料　櫛瓜1/2根、洋蔥1/4顆、紅蘿蔔1/5根、細蔥2根、蝦醬1小匙、鹽1小匙、蒜末1/2大匙、紫蘇籽油1大匙、芝麻粒1小匙

1 櫛瓜切半圓片；洋蔥、紅蘿蔔切絲；細蔥切蔥花。

2 將鹽撒入櫛瓜，醃漬約10分鐘，再以棉布包裹，擠乾水分。

3 將紫蘇籽油倒入平底鍋內，放入蒜末、洋蔥絲爆香，再放入櫛瓜、紅蘿蔔絲拌炒。

4 加入切碎的蝦醬，再放入細蔥、芝麻粒，稍微炒過後起鍋。

Monday

涼拌白菜

　　這道涼拌白菜以生菜沙拉的方式調理，可取代泡菜當作配菜。將滋味鮮甜的白菜切絲，食用前再調味，還可以吃到白菜爽脆的口感。偶爾將涼拌白菜放在熱白飯上面，再淋上紫蘇籽油，攪拌均勻後，就可以變身為一道涼拌白菜拌飯了。

請準備以下食材！

主材料	白菜200g、細蔥3根、芝麻粒1大匙、芝麻油1/2大匙
調味醬	辣椒粉1大匙、醬油1大匙、湯用醬油1小匙、蒜末1/2大匙、砂糖1/2小匙、食醋1/2大匙

1 白菜切厚絲；細蔥切蔥花。

2 調製調味醬。

> 料理秘訣
> 可省略辣椒粉。

3 將調味醬倒入白菜、細蔥內，攪拌均勻後，撒上芝麻粒、芝麻油，再輕輕攪拌一遍。

【第二週星期二】 海藻麵疙瘩湯、醬油雞蛋

海洋的鮮味、營養盡在湯碗裡

　　當季盛產的食物，對身體健康最有輔助作用。在吹起寒風的冬天，不妨多購買當季盛產的海藻，放入冰箱冷凍。海藻中富含鐵質、鈣質、維生素與礦物質等各種海洋的營養素，是相當珍貴的食材，就像媽媽想多珍惜孩子的心呢！加入市售麵疙瘩煮食，調理時間只需要短短10分鐘，只不過海藻沒有放涼就吃，容易造成舌頭燙傷，建議最好先盛入湯碗中放涼，稍微過一段時間再端到餐桌給孩子吃。看著孩子噘起小嘴將麵疙瘩吹涼的萌樣，搭配清淡不鹹的醬油雞蛋和泡菜一起吃，不禁讓做媽媽的我嘴角上揚，忍不住一直看著他們吃呢！

請依此順序準備！

製作水煮蛋 ➡ 挑揀海藻、貝肉、大蔥 ➡ 水煮蛋剝殼，
放入醬油調味醬中醃漬 ➡ 煮海藻麵疙瘩湯 ➡ 泡菜盛盤 ➡ 醬油雞蛋切片

前晚準備更快速

・製作醬油雞蛋。
・海藻、貝肉洗淨備用。

海藻麵疙瘩湯

營養豐富的海藻，除了麵疙瘩湯外，也很適合放入牡蠣粥、泡麵、刀削麵中一起煮，變化出各種不同風味的料理。海藻先以剪刀剪成適當的大小，讓孩子們更方便食用。由於煮熟的海藻不易降溫，最適合在寒冷的季節食用，不過早上再怎麼忙碌，也請稍微放涼降溫，以方便孩子們食用。

請準備以下食材！

主材料　海藻100g、市售麵疙瘩300g、貝肉1/2杯、小魚乾昆布高湯6杯、
　　　　　大蔥1/2根、蒜末1小匙、醬油1/2大匙、海鹽少許、芝麻油1/2小匙

1 將海藻放入細篩網，置於流水下洗淨，再以剪刀剪三四次；貝肉洗淨；大蔥斜切。

2 將小魚乾昆布高湯倒入湯鍋內，煮滾後，放入麵疙瘩、湯用醬油、蒜末續煮。

3 待麵疙瘩快煮熟時，放入貝肉、海藻煮滾，以少許海鹽調味。

4 放入斜切大蔥，淋上芝麻油後，再略煮一下，即完成。

醬油雞蛋

　　在忙碌的早晨，不必將水煮蛋放入醬油內燉煮，只要趁熱浸泡於醬油調味醬中，就可以品嚐到柔嫩又入味的醬油雞蛋。將水煮蛋切成適當的大小，淋上少許醬油調味醬，與洋蔥一起吃進嘴裡，滋味就像清淡的滷牛肉一樣喔！

請準備以下食材！

主材料　雞蛋2顆、醬油1/2杯、水2大匙、洋蔥1/2顆、乾辣椒1根

1 雞蛋放入滾水中煮熟。

2 洋蔥切細絲；乾辣椒以剪刀剪碎。

3 將洋蔥、乾辣椒、醬油、水倒入夾鏈袋內。

4 水煮蛋去殼，放入裝有醬油調味醬的夾鏈袋內，經過15分鐘後，取出切成適合食用的大小。

【第二週星期三】　地瓜濃湯、結頭菜沙拉

享受麵包蘸湯吃的有趣日子

　　為了預防家裡出現臨時的狀況，建議冰箱冷凍庫裡多存放幾種麵包。除了應付日常用來做三明治的吐司之外，還有其他麵包選項，尤其是在孩子們喜歡喝濃湯的日子，可以任意取出其中一種麵包烘烤後，搭配著濃湯一起食用，讓孩子盡情享受著蘸湯吃的趣味。麵包除了可以填補只有濃湯時的空虛，增加飽足感外，也可以是讓濃湯更加美味的方法之一吧？此外，可以再準備一道開胃的蔬菜，使用秋天盛產的結頭菜，拌入以豆腐製成的沙拉醬中，就是一道健康的生菜沙拉。

請依此順序準備！

青花菜汆燙 ➜ 地瓜濃湯煮至第3步驟 ➜ 調製沙拉醬 ➜ 將牛奶倒入地瓜濃湯內煮 ➜ 餐包放入烤箱烘烤 ➜ 完成地瓜濃湯 ➜ 青花菜、蘋果小塊，完成結頭菜沙拉 ➜ 地瓜濃湯盛碗，撒上肉桂粉

前晚準備更快速

‧調製沙拉醬。
‧地瓜濃湯煮至第3步驟。
‧青花菜汆燙。

地瓜濃湯

　　通常有孩子的家庭，地瓜或馬鈴薯免不了一次大量採購。當初雖然下定決心要買來為他們準備點心，不過每到所剩不多時，孩子們便開始表現出擔憂的神情。這時，不妨拿來煮濃湯吧！因為相較於粥，孩子們更喜歡喝濃湯。地瓜或馬鈴薯本身帶有許多的澱粉，不必另外製作炒麵糊，只要用牛奶就能調整濃度，製作濃湯一點也不難。

主材料　地瓜300g、洋蔥1/2顆、大蔥白色部分1根、奶油1/2大匙、食用油1大匙、水1杯、牛奶1杯、鮮奶油4大匙、鹽少許、肉桂粉少許

1　地瓜去皮切薄片；洋蔥、大蔥切絲。

2　將食用油、奶油倒入預熱好的炒鍋內，再放入洋蔥、大蔥炒熟。

料理秘訣
蓋上鍋蓋讓溫度上下循環，更容易煮熟。

3　放入地瓜拌炒，再倒水煮至熟透。

4　倒入牛奶，打成汁後，再倒入炒鍋中，再稍煮一會。

5　倒入鮮奶油，以鹽調味後盛碗，撒上肉桂粉，即完成。

結頭菜沙拉

　　結頭菜是蕪菁與高麗菜配種而成的蔬菜，富含維生素A與C、鈣質、鐵質。以豆腐製成的沙拉醬，口感猶如美乃滋般滑嫩，讓清脆的結頭菜變得更加美味。

請準備以下食材！

主材料　結頭菜1/2顆、蘋果1/2顆、青花菜1/4顆

沙拉醬　豆腐1/4塊、芝麻粒1大匙、葡萄籽油3大匙、食醋2＋1/2大匙、蜂蜜1大匙、砂糖1大匙、鹽1小匙

1 將沙拉醬材料放入果汁機內，全部打碎。

2 將青花菜切成適合食用的大小，放入加有少許鹽的滾水中氽燙至熟。

料理秘訣
沙拉醬不必一次全放，可依照孩子的口味適度調整。

3 結頭菜去皮，切方塊；蘋果也切成相同大小。

4 將青花菜、結頭菜與蘋果放入容器中，倒入沙拉醬攪拌均勻，即完成。

【第二週星期四】 田螺大豆醬蓋飯、芙蓉嫩芽沙拉

比大豆醬鍋更鮮嫩的單盤早餐

　　田螺的鈣質豐富，是有益骨骼健康的食物。試著將放入滿滿田螺肉的大豆醬鍋煮成蓋飯醬，與白飯拌著一起吃吧！相較起來，蓋飯不但比火鍋方便食用，即使沒有其他配菜，也能吃到許多蔬菜。雖然是孩子們不喜歡的蔬菜，吃到嘴裡難免有些抗拒，不過多虧大豆醬的美味與田螺肉的嚼勁，孩子們最後仍將盤中的料理清空。只要再搭配佐微酸醬汁的芙蓉嫩芽沙拉，就是一道份量充足的早餐。

請依此順序準備！

煮飯 ➡ 調製沙拉醬，放入冰箱冷藏 ➡ 田螺大豆醬蓋飯醬煮至第4步驟 ➡ 完成芙蓉嫩芽沙拉 ➡ 完成田螺大豆醬蓋飯醬，置於白飯上 ➡ 與泡菜一起盛盤

前晚準備更快速

・調製沙拉醬。
・田螺大豆醬蓋飯醬材料切好，備用。
・調製勾芡水。

田螺大豆醬蓋飯

　　比起白飯直接拌火鍋或大豆醬濃湯（＊將大豆醬放入牛肉、香菇等食材中，煮成湯汁濃郁的大豆醬湯）吃，將大豆醬鍋勾芡後置於白飯上，其口感更加滑嫩順口，也更方便食用。一大清早煮火鍋時，還得煩惱多準備幾道配菜，不過這道蓋飯是單盤料理，大可不必擔心。

請準備以下食材！

主材料　飯2碗、洋蔥1/4顆、櫛瓜1/4條、香菇2朵、秀珍菇20g、細蔥1根、螺肉罐頭1/2杯、小魚乾昆布高湯1＋1/2杯、韓式味噌醬2大匙、辣椒粉1小匙、蒜末1小匙

勾芡水　綠豆粉1＋1/2大匙、水2大匙

1 洋蔥、櫛瓜、香菇、秀珍菇切成1公分細丁；細蔥切蔥花。

2 將小魚乾昆布高湯倒入湯鍋內，煮滾後放入韓式味噌醬、辣椒粉、蒜末。

料理秘訣
將熟田螺肉放入洗米水中淘洗，可以去除土味。

料理秘訣
可省略辣椒粉。

4 放入田螺肉，再煮一會。

3 放入洋蔥、櫛瓜、香菇、秀珍菇煮熟。

5 倒入勾芡水，完成濃稠的大豆醬蓋飯醬。

6 將大豆醬蓋飯醬放置於白飯上，撒上蔥花，即完成。

芙蓉嫩芽沙拉

　　像這道芙蓉嫩芽沙拉一樣做成沙拉吃，是芙蓉豆腐和家常豆腐最容易料理且最好吃的料理方法。芙蓉豆腐富含植物性蛋白質，又好消化，因此經常買回家料理，在沒有時間準備配菜的早晨，可是救命的法寶呢！

請準備以下食材！

主材料　芙蓉豆腐1塊、苜蓿芽1/2杯

沙拉醬　醬油2大匙、食醋1＋1/2大匙、芝麻油1大匙、砂糖1大匙、蒜末1/2小匙

1 調製沙拉醬。

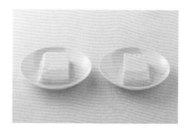

2 芙蓉豆腐切半，分裝盛盤。

3 擺上苜蓿芽後，淋上沙拉醬，即完成。

【第二週星期五】 漬物飯捲、魚板湯

需要清淡早餐的感冒時刻

　　孩子感冒時，或是考完試壓力解除，沒有胃口的時候，就像大人一樣只想吃清淡的食物。這個時候，我總會準備孩子們小時候喜歡吃的漬物飯捲，與一般使用大量食材的飯捲不同，放入煮得清淡的滷牛肉和富有嚼勁的醬醃蘿蔔製成的飯捲，滋味清淡又讓人忍不住一口接一口。再搭配上熱呼呼的魚板湯，就是一道絕對清淡又暖胃的早餐料理。

請依此順序準備！

魚板湯煮至第2步驟 ➜ 醬醃蘿蔔準備至第1步驟 ➜ 白飯解凍 ➜
完成漬物飯捲 ➜ 完成魚板湯並盛碗 ➜ 與水果一起上桌

前晚準備更快速

· 煮魚板湯。
· 去除醬醃蘿蔔的鹹味，擠乾備用。

Monday
漬物飯捲

　　冰箱冷凍庫裡經常擺著給孩子吃的配菜中，當然少不了滷牛肉囉！除了直接當配菜吃，也可以放入荷包蛋，淋上滷汁和芝麻油，與白飯拌著一起吃，料理步驟簡單，孩子們也愛吃。這道放入滷牛肉和醬醃蘿蔔，製成口味清淡的漬物飯捲，不僅可以當作早餐吃，在孩子念書到深夜時，也可以當作簡單的宵夜喔！

請準備以下食材！

主材料　飯2碗、海苔3片、滷牛肉1/2杯、醬醃蘿蔔100g（或瓢瓜乾）

飯調味醬　鹽1/2小匙、芝麻鹽1小匙、芝麻油1/2小匙

> 料理秘訣
> 滷牛肉作法請參見P22。

   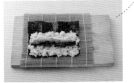

1 醬醃蘿蔔切絲，浸泡於冷水中去除鹹味，再取出擠乾水分。

2 將飯調味醬倒入熱飯中，攪拌均勻。

3 海苔剪1/4片，放上白飯，平均鋪開。

4 擺上滷牛肉、醬醃蘿蔔，捲成壽司狀後，再切成一口大小。

魚板湯

　　冬天，魚板是不可或缺的食材之一。我煮魚板湯的方式，就像煮海帶湯一樣，一口氣把所有材料放進大湯鍋內煮好，一半直接當作魚板湯，另一半放入麵條煮成魚板串湯麵，至於剩餘的魚板湯，則倒入辣椒醬煮成辣炒年糕。魚板湯不但煮得濃郁的湯汁好喝，Q彈柔嫩的魚板也很適合變化為各種料理。

請準備以下食材！

主材料	魚板（湯用）120g、白蘿蔔100g、細蔥1根、蒜末1小匙、小魚乾昆布高湯3杯、醬油1/2大匙、湯用醬油1小匙、魚露1/2大匙、海鹽少許

> **料理秘訣**
> 蘿蔔汆燙後再料理，可去除蘿蔔的嗆辣味，燉煮時也容易入味。

1 蘿蔔切方塊薄片，放入滾水中汆燙。

2 將高湯、汆燙後的蘿蔔放入湯鍋內，煮滾後，放入魚板、醬油、湯用醬油、魚露、蒜末煮沸。

3 以少許海鹽調味後盛碗，撒上蔥花。

【第三週星期一】　蘿蔔葉飯、炒明太魚乾、海苔綠豆涼粉

適合整天坐著孩子的高纖早餐

　　即使是手腳俐落的家庭主婦，要在一早準備兩道以上新的配菜，也有些吃力。但是如果料理步驟不複雜的話，也許可以大膽嘗試看看吧？將飄著紫蘇籽油香氣的蘿蔔葉飯放到火爐上煮，再將明太魚乾與調味醬拌勻，最後將綠豆涼粉切片，放入海苔粉拌勻，不知不覺間，一道特地為孩子準備的韓式健康早餐就完成了。伸個懶腰，去叫醒還在睡夢中的孩子囉！

請依此順序準備！

蘿蔔葉飯料理至第3步驟，蓋鍋燜煮 ➔ 製作炒明太魚乾 ➔
涼拌海苔綠豆涼粉 ➔ 調製蘿蔔葉飯佐醬，一起上桌

前晚準備更快速

・製作炒明太魚乾。
・將用於蘿蔔葉飯的米泡發。
・蘿蔔葉去皮；調製佐醬。

蘿蔔葉飯

　　纖維質豐富的蘿蔔葉，最適合多料理給運動量不足、整天坐著念書的孩子們。除了當作配菜或煮湯外，還可以變化為甘甜的蘿蔔葉飯。不少家庭主婦認為鐵鍋拌飯製作不易，其實煮滾至水分溢出鍋蓋時，即可轉最小火，細火慢燜，如此一來，既不容易燒焦，又能將米飯完全煮熟。如果湯鍋鍋蓋上有小孔，可以用濕抹布蓋住，避免米飯半生不熟。

請準備以下食材！

主材料 米1＋1/2杯、熟蘿蔔葉1杯、小魚乾昆布高湯1＋1/2杯、紫蘇籽油1小匙

蘿蔔葉調味醬 紫蘇籽油1/2大匙、湯用醬油1小匙

佐 醬 醬油2大匙、湯用醬油1小匙、料理酒1大匙、蒜末1小匙、蔥花2大匙、
胡椒粉少許

料理秘訣
可使用前晚泡發的米，
或是料理前浸泡於溫水
中泡發。

1 白米洗淨後泡發；調製佐
醬。

2 熟蘿蔔葉去皮切碎，拌入蘿
蔔葉調味醬。

3 將泡發白米、調味蘿蔔葉放
入湯鍋內，倒入小魚乾昆布
高湯，煮滾後，轉中小火，
細火慢燜。

4 將紫蘇籽油倒入蘿蔔葉飯
內，攪拌均勻後盛盤，與佐
醬一起上桌。

炒明太魚乾

　　近來市面上可以買到魚刺剔除乾淨的明太魚乾，對準備孩子早餐而言相當方便。在明太魚乾與調味醬拌炒前，先與蛋黃攪拌均勻，便可製作出表面酥脆，裡面仍帶有嚼勁的炒明太魚乾。

請準備以下食材！

主材料　明太魚乾60g、蛋黃1顆、芝麻油1大匙、芝麻粒1大匙

調味醬　辣椒醬1＋1/2大匙、醬油1/2大匙、辣椒粉1/2大匙、砂糖1小匙、果糖1/2大匙、蔥花1大匙、蒜末1小匙、料理酒1小匙、水1大匙

1 調製調味醬。

2 將明太魚乾置於流水下清洗，擠乾水分後，加入蛋黃攪拌均勻。

3 將芝麻油倒入平底鍋內，再放入明太魚乾翻炒。

4 將調味醬倒入另一平底鍋內，煮滾後，放入炒過的明太魚乾，攪拌均勻，再撒上芝麻粒，即可。

海苔綠豆涼粉

　　這道以調味海苔粉提味的綠豆涼粉，其微鹹的滋味加上軟嫩的口感，孩子們都很喜歡。灑上海苔粉調味的涼粉，也可以用由清淡不苦澀的綠豆製成的綠豆涼粉，或是以豇豆製成的豇豆涼粉代替，都很適合。

請準備以下食材！

主材料　綠豆涼粉1/2塊、調味海苔粉1/2杯、芝麻油1小匙、芝麻粒1小匙、鹽少許

料理秘訣
涼粉變硬時，可以洗淨後汆燙再使用。

1 綠豆涼粉切丁。

2 將調味海苔放入塑膠袋中，搓揉搗碎。

3 將綠豆涼粉、調味海苔粉、芝麻油、芝麻粒放入碗內，攪拌均勻後，以少許鹽調味。

【第三週星期二】 嫩豆腐清湯、牛肉蔬菜煎餅、涼拌小黃瓜湯

煮滾即可端上桌的束草嫩豆腐餐

　　孩子們小時候不太吃，長大後卻喜歡吃的食物中，自然少不了嫩豆腐清湯。嫩豆腐柔軟結塊的口感，應該是很吸引孩子們的胃口，殊不知小時候的他們不為所動。似乎過了青春期，才開始接受那清淡的豆腐滋味。媽媽們不必親自煮黃豆做豆腐，只要一盒市售嫩豆腐，就能輕鬆快速地完成這道嫩豆腐餐喔！

＊束草市位於朝鮮半島東邊的江原道，著名的草堂豆腐村坐落於此。

請依此順序準備！

煮飯 ➡ 製作涼拌小黃瓜 ➡ 製作嫩豆腐調味醬 ➡ 製作牛肉蔬菜煎餅糊 ➡
煮嫩豆腐清湯 ➡ 煎牛肉蔬菜煎餅

前晚準備更快速

・調製嫩豆腐調味醬。
・製作牛肉蔬菜煎餅糊。
　（隔天早上料理前，再放入綠豆澱粉拌勻）

嫩豆腐清湯

　　最好是選購以傳統手工製成的品質較佳。如果沒有傳統手工豆腐，也可以採購盒裝的芙蓉豆腐，但用來煮嫩豆腐清湯會失去帶有豆香味的口感。當您買回後，先用清水沖洗去除含有鹼水的水分，再放入高湯中燉煮，最後搭配調味醬一起食用，就是一道有飽足感，且口感柔軟的早餐。

請準備以下食材！

主材料　嫩豆腐1盒、小魚乾昆布高湯3杯

調味醬　醬油2大匙、湯用醬油1小匙、料理酒1/2大匙、蒜末1小匙、
　　　　　蔥花1大匙、芝麻粒1/2大匙

> 料理秘訣
> 將手工嫩豆腐放在篩網沖洗，去除含有鹼水的水分後，再放入高湯內煮。

1 調製調味醬。

2 將高湯倒入湯鍋內，煮滾後，放入嫩豆腐，再煮滾後，即可盛碗，與調味醬一起上桌。

牛肉蔬菜煎餅

　　只要有拳頭大小的碎牛肉，即可搭配各種蔬菜絲混合成煎餅糊，舀取一湯匙份量滑入平底鍋煎至兩面金黃香酥，即完成這道牛肉蔬菜煎餅。我經常使用大量富有咬勁的牛肉，與切得細碎的蔬菜絲拌勻，為孩子們料理這道營養配菜。放在便當盒裡，當作午餐的配菜也不錯喔！

請準備以下食材！

主材料	碎牛肉200g、洋蔥1/4顆、紅蘿蔔1/5根、雞蛋2顆、綠豆粉1＋1/2大匙
調味醬	醬油1小匙、蒜末1小匙、芝麻油1小匙、鹽1/2小匙、胡椒粉少許

料理秘訣
也很適合搭配番茄醬或辣椒醬（Chili Sauce）一起吃。

1 洋蔥、紅蘿蔔切碎。

2 將洋蔥末、紅蘿蔔碎末、雞蛋、綠豆粉、調味醬材料，倒入去除血水的碎牛肉中，反覆搓揉。

3 將食用油倒入預熱好的平底鍋內，陸續放入一湯匙份量的煎餅糊，待全部都煎至兩面呈金黃色。

涼拌小黃瓜

清爽的涼拌小黃瓜是最適合在早餐中代替泡菜給孩子吃的配菜。將小黃瓜切成片不醃漬,與洋蔥絲的切面接觸調味醬拌勻,簡單快速即成美味的涼拌菜,可以吃到像生菜沙拉一樣享受清脆的口感喔!

主材料　**小黃瓜1根、洋蔥1/4顆**

調味醬　**辣椒粉1大匙、蔥花1大匙、蒜末1小匙、砂糖1小匙、鹽1小匙、**
　　　　芝麻鹽1大匙、芝麻油1小匙

1 小黃瓜切半，再斜切；洋蔥切絲。

2 調製調味醬。

3 加入小黃瓜、洋蔥攪拌均勻。

【第三週星期三】 紅柿醬沙拉、豆漿麵茶、烤切糕＋蜂蜜

像吃點心一樣的年糕早餐

　　除了麵包外，年糕也是經常為孩子準備的點心之一。比起包著甜蜜豆沙的年糕，滋味清淡的切糕或糯米糕較無負擔，孩子們也喜歡吃。前一晚先從冷凍庫取出一包切糕解凍，隔天再放入平底鍋內，乾煎成金黃色，即可端上餐桌。另外取出一顆紅柿，製作成風味獨特的紅柿醬，淋在生菜沙拉上，搭配一杯濃郁的豆漿麵茶，就是一道充滿飽足感的早餐囉。（＊韓國切糕一般有白、綠兩種顏色，白色由糯米製成，綠色添加艾草。）

請依此順序準備！

調製沙拉醬 ➜ 將切糕放入平底鍋內乾煎 ➜ 製作豆漿麵茶 ➜
完成沙拉並盛盤 ➜ 切糕搭配蜂蜜一起上桌

前晚準備更快速

・調製沙拉醬。

紅柿醬沙拉

　　每到秋天尾聲，總要將巨大的大峰柿加以熟成，趁著柿子鬆軟柔嫩時，以保鮮膜一一包裹，放入冰箱冷凍。取出稍微解凍後，其甜蜜柔軟的滋味就像雪酪（sherbet）一樣，很適合當作點心，另外將柿子肉過篩壓細，也可以製作出顏色鮮艷的沙拉醬喔！

　　（＊大峰柿最早栽種於慶尚南道河東郡的大峰市，因而得名，營養成分及甜度高，在朝鮮時代為進貢給君王的獻禮。）

請準備以下食材！

主材料　嫩葉蔬菜2杯、蘋果1/4顆

沙拉醬　紅柿1顆、葡萄籽油2大匙、檸檬汁2大匙、蜂蜜1大匙、砂糖1小匙、鹽少許

1 紅柿去皮、去籽，過篩壓細，與其它沙拉醬材料混合，製成沙拉醬。

2 將嫩葉蔬菜放入冷水中清洗，再瀝乾水分；蘋果切小片。

3 將嫩葉蔬菜與蘋果拌在一起，淋上沙拉醬。

豆漿麵茶

　　食用三明治或年糕時，可以選用豆漿來代替不易消化的牛奶。不過只吃幾片年糕，過不了多久就會消化完，因此這杯添加麵茶和芝麻粒打成的豆漿麵茶，不僅可以提升美味的口感，也是增加飽足感的養生飲品。

　　（＊韓國麵茶由各種穀物研磨製成，一般與冰牛奶、冰塊一起放入果汁機內打成汁喝。）

　　。

主材料　豆漿400cc、麵茶4大匙、芝麻粒1大匙、蜂蜜1～2大匙

1 將豆漿、麵茶、芝麻粒、蜂
蜜放入果汁機內打成汁。

料理秘訣
一次大量購買的食用切糕,最好用烘焙紙
或保鮮膜包裹,放入密封容器內,冷凍貯
藏。料理前一晚取出,置於室溫下解凍,
再乾煎,隔天就能輕鬆端上餐桌。可用日
式烤年糕代替。

烤切糕

主材料　切糕4片、蜂蜜2大匙

1 將切糕放入平底鍋內,以小火乾煎,煎
至兩面呈金黃色,與蜂蜜一起上桌。

【第三週星期四】 黃豆芽湯飯、泡菜鮪魚煎餅

感冒時熱呼呼的元氣套餐

　　為孩子準備了紅蔘，每天也親手料理健康的早餐，期待孩子平安度過這個冬天，別染上了感冒，可是看著擤著鼻涕、病懨懨的孩子，心裡非常自責，也很傷心。這種時候，我總會準備一鍋冒著熱氣的黃豆芽湯飯。一邊流汗，一邊吃完早餐，準備出門的孩子……，感冒應該會立刻好起來吧？

請依此順序準備！

黃豆芽飯料理至第2步驟 ➜ 煎泡菜鮪魚煎餅 ➜ 白飯解凍 ➜
完成黃豆芽湯飯

前晚準備更快速

・泡菜、滷牛肉、大蔥切好備用。
・黃豆芽汆燙備用。

黃豆芽湯飯

　　孩子感冒時，總會特地煮黃豆芽湯或泡菜湯，讓孩子邊吃邊流汗。雖然早餐吃太燙口的食物，得花較長的時間，所以會稍微放涼再給孩子吃，不過這道黃豆芽湯飯還是要趁熱吃。

請準備以下食材！

主材料　飯1＋1/2碗、泡菜1杯、雞蛋2顆、黃豆芽150g、滷牛肉50g（作法請參見P22）、大蔥1/2根、蝦醬1＋1/2大匙、小魚乾昆布高湯4杯

1 泡菜去除醬汁，切成碎末；滷牛肉沿紋路撕成細絲；大蔥切蔥花。

2 將高湯倒入湯鍋內，煮滾後，放入黃豆芽汆燙，隨後撈出。

3 依序將飯➔燙熟的黃豆芽➔泡菜➔蝦醬放入砂鍋內，倒入煮滾的高湯。

4 打蛋於砂鍋邊緣，稍煮一會後，擺上滷牛肉絲、蔥花，即完成。

泡菜鮪魚煎餅

　　煎餅是大人小孩都愛吃的料理。使用去年冬天醃製的熟成泡菜，放入鮪魚罐頭肉、用培根取代豬肉，煎成香噴噴的煎餅，是孩子們的最愛。如果沒有培根，也可以用豬絞肉或花枝、蝦仁代替。

請準備以下食材！

主材料	泡菜碎末1杯、鮪魚罐頭1罐、培根1片、洋蔥1/4顆、食用油少許
煎餅糊	雞蛋1顆、煎餅粉1杯、水1/2杯、泡菜醬汁2大匙

1 泡菜切碎末；鮪魚罐頭肉去除油脂；洋蔥切碎末；培根切碎。

2 調製煎餅糊材料後，放入切好的食材，製成煎餅糊。

3 將適量食用油倒入預熱好的平底鍋內，放入一湯匙份量的煎餅糊，煎至兩面呈金黃色。

221

【第三週星期五】 泡菜起司飯捲、豆腐牡蠣湯

Give and Take的早餐餐桌

　　俗話說：「有施必有得。」這種不通人情世故的道理，媽媽們幾乎每天早上都在餐桌上對孩子們抱怨：「我已經煮了你們喜歡吃的菜了，你們總該連討厭的食物也吃下去，表示一下誠意吧……」就像為他們準備喜歡吃的泡菜起司飯捲，總該連營養滿分的豆腐牡蠣湯也一起吃下去吧……。看著孩子們雖然一副不情願的樣子，還是把早餐吃完一半以上才起身，真讓人欣慰。習慣口味後，這套料理會成為他們日後自發食用的食物吧？

請依此順序準備！

豆腐牡蠣湯煮至第2步驟 ➜ 用於飯捲的泡菜先調味；海苔切適當大小；
起司切半備用 ➜ 白飯解凍 ➜ 白飯調味，完成泡菜起司飯捲 ➜
豆腐牡蠣湯調味，撒上蔥花完成 ➜ 與水果一起上桌

前晚準備更快速

・用於飯捲的泡菜先調味。

223

泡菜起司飯捲

　　在這泡菜正美味的季節，熟成入味的泡菜無論放入哪一道料理，都能立刻抓住孩子的胃口。尤其簡單放入起司，捲起後完成的飯捲，不僅方便孩子拿著吃，其滋味也是孩子們最喜歡的組合，當然更適合當作早餐主食囉！

請準備以下食材！

主材料　飯2碗、海苔3片、起司片3片、泡菜1杯

飯調味醬　鹽1/2小匙、芝麻鹽1/2大匙、芝麻油1小匙

泡菜調味醬　砂糖1/2小匙、芝麻鹽1小匙、芝麻1/2小匙

1 泡菜去除醬汁，切成碎末後，擠乾水分，倒入泡菜調味醬，攪拌均勻。

2 將飯調味醬倒入熱飯內，攪拌均勻。

3 海苔切1/4片，將飯平鋪於海苔上。

4 起司片切半，擺上飯捲，再放上調味泡菜，捲成壽司狀後，切成一口大小。

豆腐牡蠣湯

　　許多孩子不喜歡牡蠣的味道，不過就算不吃會爆漿的牡蠣，只要食用這道豆腐牡蠣湯的豆腐和湯，也足以攝取一半以上的養分了。持續食用一段時間，或許等孩子習慣了牡蠣的味道之後，自然會津津有味地把牡蠣吃掉吧？十分期待聽見孩子說這湯真好喝。

請準備以下食材！

主材料	豆腐1/4塊、牡蠣1杯、細蔥1根、小魚乾昆布高湯3杯、蒜末1小匙、醬油1小匙、海鹽少許

1 豆腐切方塊；牡蠣放入鹽水中淘洗；細蔥切4公分長。

2 將高湯倒入湯鍋內，煮滾後，放入豆腐煮熟。

3 倒入醬油、蒜末、牡蠣，稍煮一會，最後放上細蔥，以少許海鹽調味。

【第四週星期一】 橡實凍飯、培根炒豆腐

喊著要減肥女兒的特別餐

唸書唸了好一陣子,成績仍時好時壞,令人相當擔憂,想不到女兒卻是抱怨「肚子跑出來了」、「屁股變大了」,急嚷著要減肥。雖然心裡急得如熱鍋上的螞蟻,但是在考試結束前,做媽媽的只能忍耐,並順應著孩子的需求。於是一邊端出這道橡實凍飯,一邊對女兒說:「聽說這是不會發胖的食物之一,知道吧?」缺乏的蛋白質,就由培根炒豆腐來補充。不過別擔心,信誓旦旦說要減肥的孩子,通常撐不到第二天的。

請依此順序準備!

培根炒豆腐準備至第2步驟 ➜ 橡實凍飯料理至第3步驟 ➜ 白飯解凍 ➜
完成培根炒豆腐 ➜ 橡實凍飯盛碗

前晚準備更快速

‧用於橡實凍飯的泡菜先調味。
‧醃漬豆腐。

橡實凍飯

　　近來透過學校教育，孩子們已經了解什麼樣的減肥食品才是好的。能夠排出體內重金屬，更重要的是熱量低，因而受到喜愛的減肥食品——橡實凍，大量使用於這道料理，即使減少飯量，也能提高飽足感，最適合減肥中食用。

請準備以下食材！

主材料　飯1碗、橡實凍1塊、泡菜1杯、海苔1片、細蔥1根、芝麻鹽2小匙

橡實凍飯湯底　小魚乾昆布高湯4杯、醬油1大匙、魚露1小匙

泡菜調味醬　砂糖1/2小匙、芝麻鹽1小匙、芝麻油1/2大匙

1 橡實凍切長條；細蔥切蔥花；海苔剪細絲。

2 泡菜去除醬汁，切成碎末後，倒入泡菜調味醬，攪拌均勻。

3 將高湯倒入湯鍋內，煮滾後，倒入醬油、魚露調味。

4 將適量白飯盛碗，擺上橡實凍條、泡菜、海苔、細蔥後，倒入熱湯，最後撒上芝麻鹽，即可。

培根炒豆腐

　　即使孩子不喜歡吃豆腐，也會因為開胃的培根而將這道料理全部吃完。豆腐經過醃漬後，水分快速排出，煎豆腐時就不容易碎開。如果沒有時間醃漬，也可以放入微波爐內，微波約2分鐘後再調理。

請準備以下食材！

主材料　板豆腐1/2塊、培根2片、大蒜2瓣、細蔥2根、蠔油1/2小匙、鹽少許、胡椒粉少許、食用油少許

1 板豆腐切成1公分厚的長條，撒上鹽、胡椒粉，醃漬後去除水分。

2 培根切寬片；大蒜切片；細蔥切4公分長。

3 將食用油倒入預熱好的平底鍋內，煎至板豆腐呈金黃色後，放入蒜片、培根、蠔油拌炒。

4 待培根炒熟後，放入細蔥，略炒一下，即可起鍋。

【第四週星期二】 年糕水餃牛骨湯、牡蠣煎餅

讓孩子瞬間溫暖的年糕熱湯

　　記得小時候每到當年稻米收成時，我的母親總會將去年剩下的米泡發，製作年糕。待年糕稍微凝固後，一部分斜切為年糕片，一部分切成手指長度的年糕條，各自分裝為數包。當時，母親犧牲睡眠熬煮出雪白色的牛骨湯，再加入年糕片煮成年糕湯，連同去年醃漬的泡菜一起端上早餐餐桌，讓嘴裡呼出白煙的寒冬早晨，也隨之瞬間溫暖了起來。在現代隨處皆可買到年糕片、牛骨湯，只要比孩子早起10分鐘，就能輕鬆完成這道年糕水餃牛骨湯。

請依此順序準備！

細蔥切蔥花；年糕泡發 ➜ 煎牡蠣煎餅 ➜ 煮年糕水餃牛骨湯 ➜ 與泡菜一起上桌

年糕水餃牛骨湯

　　牛骨湯可以在假日親自熬煮，再分裝放入冰箱冷凍備用，或者也可以直接購買市售現成的牛骨湯使用。尤其是在冬天特別需要溫熱的湯品料理，牛骨湯不僅可以用來煮年糕湯，也很適合放入乾白菜煮成乾白菜牛骨湯。

請準備以下食材！

主材料　年糕片100g、水餃100g、牛骨湯4杯、細蔥2根、調味海苔粉少許、蒜末1/2小匙、醬油1小匙、鹽少許、胡椒粉少許

料理秘訣
如果是自己熬煮的濃郁牛骨湯，加水稀釋後再使用，可避免太油膩。也可使用其他高湯。

1 細蔥切蔥花；年糕片浸泡於水中泡發。

2 將牛骨湯倒入湯鍋內，煮滾後，放入年糕片、水餃、蒜末、醬油，稍煮一會。

3 當水餃浮起來時，以少許鹽調味後再盛碗，撒上蔥花、胡椒粉和調味海苔粉。

牡蠣煎餅

　　牡蠣又被稱為海洋的牛奶，富含大量的營養素，然而其特有的海洋氣味與爆漿似的口感，令不少人望之卻步。不過即使是討厭牡蠣的人，像這樣製作成煎餅，或是裹上麵衣油炸，孩子們的接受度都很高。將煎餅粉與帕瑪森起司粉攪拌均勻，更可提升食物的美味，孩子們吃得更開心。

請準備以下食材！

主材料　牡蠣1/2包、煎餅粉2大匙、帕瑪森起司粉1大匙、雞蛋1顆、
　　　　　香芹粉少許、鹽少許

1 將牡蠣放入鹽水中淘洗，再瀝乾水分。

2 雞蛋打成蛋液，撒上少許鹽、少許香芹粉，攪拌均勻。

3 將煎餅粉、帕瑪森起司粉、牡蠣放入塑膠袋中，輕輕搖晃。

4 取出牡蠣，裹上蛋液，放入已倒入少許食用油加熱的平底鍋內，煎至兩面呈金黃色。

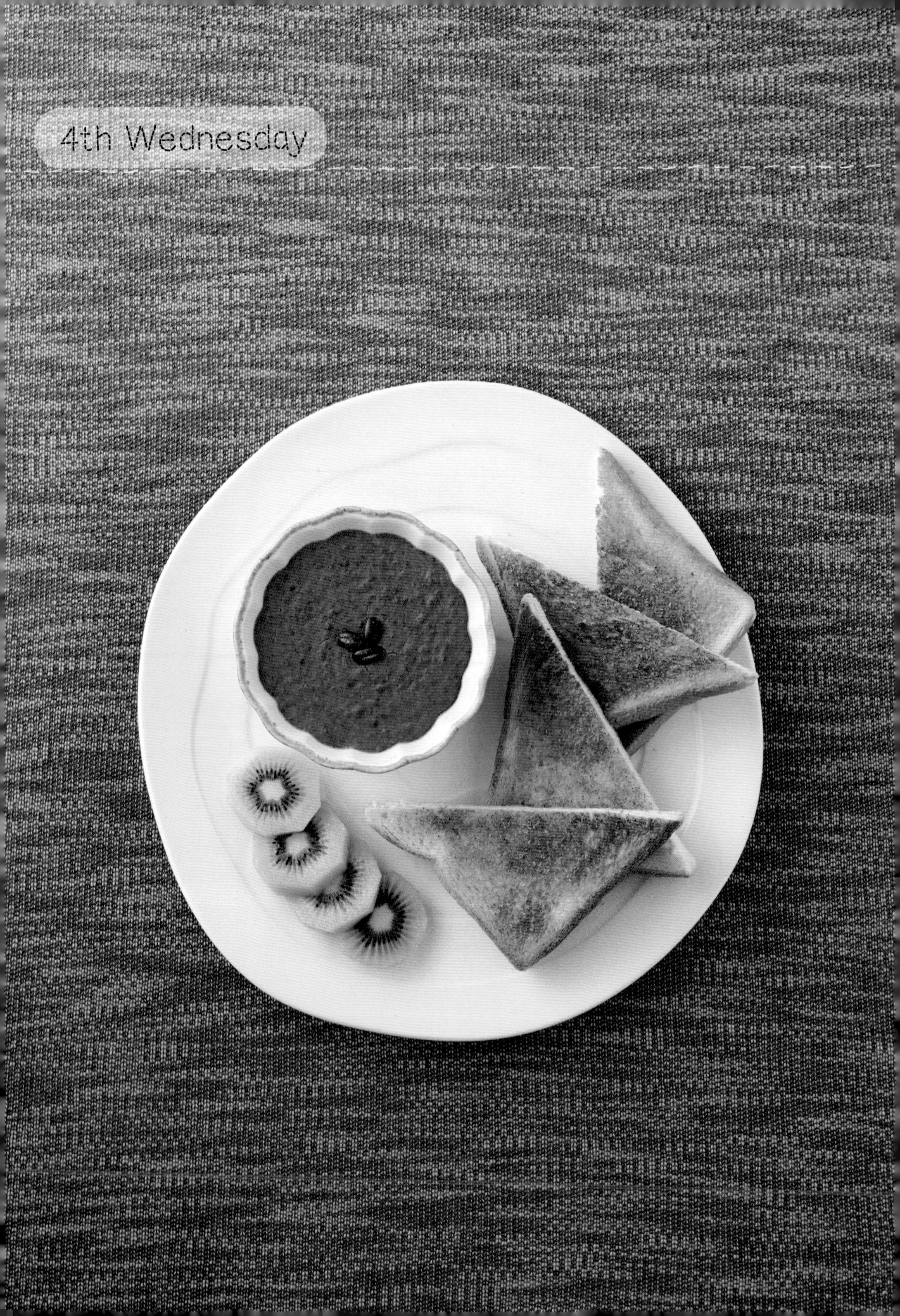
4th Wednesday

【第四週星期三】 紅豆甜湯、肉桂糖霜吐司

在冬至這天，以紅豆甜湯代替紅豆粥

在夜晚最長、白晝最短的冬至這天，當然要吃驅趕疾病與惡鬼的紅豆粥囉！雖然紅豆粥也不錯，不過比起粥，孩子們更喜歡滋味香甜的濃湯。少了湯圓，口感卻更柔嫩香甜的紅豆甜湯，搭配上充滿肉桂香味的糖霜吐司，就是一道吃得飽又沒有負擔的早餐喔。

請依此順序準備！

紅豆煮熟 ➜ 調製肉桂糖霜；融化奶油 ➜ 將牛奶倒入熟紅豆內打成汁 ➜ 吐司塗抹奶油，撒上砂糖，高溫烘烤 ➜ 將鮮奶油、砂糖倒入紅豆甜湯內煮，完成紅豆甜湯 ➜ 與水果一起上桌

前晚準備更快速

・紅豆煮熟備用。

紅豆甜湯

　　紅豆不易煮熟，如果早上才準備，料理時間最好抓長一些。前晚預先將紅豆煮熟，隔天一早只要倒入牛奶，放入果汁機內打成汁，再加熱煮滾，就可以品嘗到剛煮好的紅豆甜湯。尤其當年收成的紅豆易熟，隔年的紅豆就需要更長的料理時間，如果想要快速煮熟紅豆，使用壓力鍋也是不錯的方法。

請準備以下食材！

主材料　紅豆1杯、牛奶1＋1/2杯、鮮奶油4大匙、砂糖2大匙、鹽少許

料理秘訣
此步驟可以去除紅豆的
澀味。

1 將紅豆放入湯鍋中，加入可
覆蓋紅豆的水量，煮滾後，
瀝乾水分。

2 再倒入3杯水，蓋上鍋蓋，
煮至可用手指捏碎紅豆。

料理秘訣
將煮熟紅豆放入磨汁機
內，可將外皮去除乾
淨，煮出更柔嫩滑順的
濃湯。

3 將煮熟紅豆、牛奶倒入果汁
機內打成汁。

料理秘訣
濃湯太稠時，可再酌量
加點牛奶。

4 倒入湯鍋內，放入鮮奶油、
砂糖，一邊攪拌，一邊繼續
煮，稍煮一會後，再以鹽調
味，即完成。

肉桂糖霜吐司

雖然搭配只有抹上奶油的吐司即可，不過充滿肉桂香氣的吐司，和紅豆甜湯可是絕配呢。蘸紅豆甜湯吃也不錯！

主材料　吐司4片、奶油50g

肉桂糖霜　黃糖4小匙、肉桂粉1小匙

1 將黃糖與肉桂粉混合，製成
　肉桂糖霜。

2 將奶油放入微波爐內，加熱
　約20秒，使奶油完全融化。

料理秘訣
也可以將奶油融化於平
底鍋內，放入吐司煎
過，再撒上肉桂糖霜。

3 將吐司塗上奶油後，均勻撒
　上肉桂糖霜，放入180度的
　烤箱內烤至金黃酥脆，再切
　成適合食用的大小。

【第四週星期四】 海鮮炒飯、雞肉高麗菜沙拉

用醬汁變出新意的海鮮炒飯

　　泡菜炒飯太常見了，是吧？而且在孩子眼中看來，也可能是一道毫無誠意的料理。此時，不妨取出幾種冰在冷凍庫裡的海鮮，放入泡菜炒飯內一起炒。只要再加入番茄醬與辣醬油，就可以料理出滋味獨特的泡菜海鮮炒飯，足以媲美家庭式餐廳的香料飯（Pilaf），再搭配放入雞胸肉製成的高麗菜沙拉，可代替一般泡菜或沙拉配菜，與泡菜海鮮炒飯堪稱是絕配。

請依此順序準備！

高麗菜、紅蘿蔔切絲醃漬 ➜ 炒飯材料處理好備用 ➜ 完成雞肉高麗菜沙拉，放入冰箱冷藏 ➜ 完成泡菜海鮮炒飯 ➜ 水果盛盤 ➜ 與雞肉高麗菜沙拉一起上桌

前晚準備更快速

· 製作雞肉高麗菜沙拉。

海鮮炒飯

　　只要有去年醃漬熟成的泡菜，就能輕鬆完成的泡菜炒飯，一般多放入培根或火腿肉增加滋味，不過要是將蝦仁或魷魚切大塊，放入炒飯中一起炒，就可以變身為一道滋味獨特的料理。海鮮使用冷凍海鮮包即可，但是請先放入冷水中解凍再料理，如此可避免海鮮產生水分，使炒飯變得稀稀糊糊的。

請準備以下食材！

主材料 飯2碗、泡菜1杯、冷凍蝦仁8隻、魷魚身1片、培根2片、洋蔥1/4顆、紅蘿蔔1/4根、奶油1大匙、食用油1大匙、蒜末1小匙、香芹粉少許

調味醬 番茄醬4大匙、辣醬油1/2大匙、泡菜醬汁3大匙、料理酒1大匙

1 蝦仁解凍；魷魚切成一口大小。

2 泡菜去除醬汁，切成碎末；培根切絲；紅蘿蔔、洋蔥切碎末。

3 將奶油與食用油倒入預熱好的平底鍋內，以蒜末爆香後，放入洋蔥末、紅蘿蔔末、培根拌炒。

4 再加入蝦仁、魷魚、泡菜、調味醬拌炒。

5 放入熱飯，炒勻後，灑上香芹粉拌勻，即完成。

雞肉高麗菜沙拉

　　吃油膩的食物時，最適合搭配這道酸甜爽脆的雞肉高麗菜沙拉。簡單加入雞胸肉，還可以補充缺乏的蛋白質。放在稍微烤過的法國麵包或吐司上吃，也很美味。

請準備以下食材！

主材料　雞胸肉罐頭1罐、高麗菜2片、紅蘿蔔1/4根、蘋果1/4顆、葡萄乾1小匙

蔬菜醃醬　食醋1/2大匙、砂糖1小匙、鹽1小匙

沙拉醬　美乃滋2大匙、砂糖1＋1/2大匙、食醋2小匙、檸檬汁2小匙、鹽少許、
　　　　胡椒粉少許

料理秘訣
將砂糖拌入蘋果絲，可
避免蘋果變褐色。

1 罐頭雞胸肉過篩；高麗菜、
　紅蘿蔔、蘋果切絲。

2 將蔬菜醃醬放入容器中，加
　入高麗菜絲、紅蘿蔔絲攪拌
　均勻，放置20分鐘後，再擠
　乾水分。

3 調製沙拉醬。

4 將高麗菜絲、紅蘿蔔絲、雞
　胸肉、蘋果絲、葡萄乾放入
　沙拉醬碗內，攪拌均勻。

【第四週星期五】 泡菜鍋烏龍麵、飛魚卵飯丸

邊聊天邊享用家常套餐

　　真的很奇怪吧？上了年紀總會嚮往起家常飯，年輕時卻對外食有著強烈的渴望。做媽媽的也經歷過那樣的時期，因此一早便著手準備像外面麵食店賣的套餐。放入牛肉與魚板，再以泡菜提味的泡菜鍋烏龍麵，以及吃得到一粒粒魚卵口感的飯丸，就是這樣一道早餐。讓媽媽代替朋友，與孩子一邊聊天，一邊享用早餐吧！吃過飯後，孩子今天一早也會精神抖擻地出門吧？

請依此順序準備！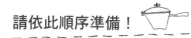

泡菜鍋烏龍麵煮至第4步驟 ➔ 白飯、飛魚卵解凍，製作飛魚卵飯丸 ➔
完成泡菜鍋烏龍麵 ➔ 與水果一起上桌

泡菜鍋烏龍麵

　　雖然我這個做媽媽的會將濃縮烏龍醬汁倒入小魚乾昆布高湯內，快速完成一碗烏龍湯麵，不過有時放入牛肉、魚板、香菇，煮成一碗有模有樣的熱呼呼烏龍湯麵，當然也沒有問題。除了放入烏龍麵條，當作主菜來吃外，也可以放入少許冬粉，煮成配湯來食用。

請準備以下食材！

主材料　烏龍麵條2包、牛肉（火鍋用牛肉片）60g、油豆腐2片、魚板湯用魚板4塊、泡菜1杯、茼蒿2根、金針菇1/2包、大蔥1/2根、蒜末1小匙、小魚乾昆布高湯4杯

調味料　辣油1大匙、辣椒粉1大匙、魚露1大匙、鹽少許

1 泡菜切碎；魚板切成一口大小；油豆腐切絲；大蔥斜切。

2 烏龍麵先以滾水汆燙。

3 將辣油、辣椒粉、蒜末、牛肉、泡菜放入湯鍋內拌炒。

4 倒入小魚乾昆布高湯，煮滾後放入魚板、魚露，再以鹽調味。

> 料理秘訣
> 可省略辣油、辣椒粉，並以高麗菜等新鮮蔬菜取代泡菜。

5 放入烏龍麵、油豆腐，煮滾後，加入大蔥、茼蒿、金針菇，再稍煮至煮，即完成。

飛魚卵飯丸

　　飛魚卵飯丸迷人的滋味與魚卵粒粒分明的口感，最受孩子們喜愛。去除飛魚卵的腥味後，與美乃滋攪拌均勻，不但吃起來滑順，也能提升飯丸的美味。由於方便一口食用，也很適合當作孩子們一邊準備上學，一邊抓著吃的主菜。

請準備以下食材！

主材料　飯1＋1/2碗、飛魚卵2大匙

飯調味醬　醃黃蘿蔔碎末2大匙、調味海苔粉1/2杯、海苔香鬆1大匙、美乃滋1大匙、
　　　　　　芝麻粒1小匙

> 料理秘訣
> 撒上清酒，可以去除
> 飛魚卵的腥味。

1 飛魚卵解凍。

2 將飯調味醬和飛魚卵倒入
　熱飯內，攪拌均勻。

3 捏成一口大小的飯丸。

COOKING scheduler

春天 Spring

＝三明治日＝ !!

Monday

蘆筍炒塔根
芙蓉蒸蛋
韭菜櫛瓜煎餅
泡菜

煎德式香腸
醬佐泥鉗
泡菜豆渣湯

炒銀魚乾
魷魚韭菜煎餅
魚子蛋花湯
泡菜

速成雜菜冬粉
蔓越莓雞肉沙拉
醬燒魚板
腰子貝海帶湯

Tuesday

漢堡排蓋飯
泡菜
水果

泡菜鮪魚石鍋飯
牛肉黃豆芽湯

火腿肉蛋捲
蛤蜊湯
水果

豬排丼飯
泡菜
水果

Wednesday

泡菜熱狗堡
柳橙汁

貝果三明治
大蒜濃湯
水果

烤牛肉三明治
草莓沙拉
豆漿

培根蛋吐司
起司沙拉
草莓優格

Thursday

韭菜豬肉拌飯
滑豆腐海鮮湯

焗烤鮮蔬炒飯
玉米濃湯
水果

香辣滑蛋蓋飯
辣醬拌莧菜
水果

鮪魚炒飯
涼拌珠蔥黃豆芽
水果

Friday

鰤魚海苔一口飯丸
牛蒡大醬湯
水果

鮪魚咖哩飯
鮮蝦沙拉

菜包牛蒡牛肉飯
春白菜韓式味噌醬湯
水果

乾拌菜飯捲
血蚶湯

Sat / Sun

夏天 Summer

（＊食譜請參見上冊）

三明治日！

Monday	Tuesday	Wednesday	Thursday	Friday	Sat /Sun
涼拌鮮蝦青花菜 馬鈴薯炒魚板 小黃瓜海帶冷湯	小黃瓜蟹肉醋飯 涼拌醃蘿蔔 水果	鮑魚粥 涼拌榨菜 水果	蔥花蛋炒飯 涼拌醃小黃瓜 水果	簡易海苔飯捲 西瓜汽水	
馬鈴薯起司煎蛋 醬燒辣魚板 豬肉炒茄子	速成生魚片醋飯 蕎麥麵	餐包三明治 藍莓香蕉果汁	燻鴨鮮蔬蓋飯 番茄小黃瓜沙拉 （泡菜） 水果	三角飯糰 葡萄柚汁	
雞絲燉雞湯 涼拌青脆辣椒	烤牛肉片佐紫蘇籽飯丸 越南鮮蔬春捲	簡易碳烤三明治 水蜜桃冰沙	鮪魚鮮蔬拌飯 油豆腐味噌湯 水果	蟹肉散壽司 辣豆腐湯 水果	
紐約客牛排佐生菜 小黃瓜炒杏鮑菇	魚蝦醬拌飯 豆腐漿飲 水果	鮪魚沙拉三明治 小番茄汁	豆腐咖哩炒飯 葡萄蔬果醬沙拉 泡菜	飛魚卵豆皮壽司 半熟蛋沙拉	

秋天 Autumn

Monday

蟹肉秀珍菇煎餅
醬燒豆腐丁
紫蘇籽羅蔔菜大醬湯

培根炒菠菜
地瓜煎餅
牛肉蘿蔔湯
泡菜

紫蘇籽炒蘿蔔絲
香菇湯
泡菜

涼拌牛肉山芹菜
泡菜炒火腿
乾白菜牛骨湯

Tuesday

火腿鮮蔬飯捲
蘑菇起司歐姆蛋
水果

鮪魚起司魚卵飯
波菜豆腐大醬湯

火腿肉飯糰
柿餅沙拉
水果

豬排沙拉飯捲
魚板烏龍麵
水果

Wednesday

三明治日！！

南瓜濃湯
口袋三明治
水果

牛肉蔬菜粥
蘋果丁泡菜

法式草莓醬吐司
泰式豆腐番茄沙拉

英式馬芬三明治
地瓜拿鐵
水果

Thursday

醬燒松板肉蓋飯
涼拌蘿蔔絲
水果

奶油醬燒牛肉拌飯
涼拌海苔青蔥
水果

蘑菇起司蛋包飯
香蕉蘋果汁
白菜湯

炸雞美乃滋蓋飯
泡菜沙拉
水果

Friday

米漢堡
蛋花湯
水果

煎起司飯丸
香蕉蘋果汁

杯飯
豆腐起司輕食

涼拌菜豆皮壽司
地瓜沙拉

Sat / Sun

COOKING scheduler

Monday	Tuesday	Wednesday 三明治日!!	Thursday	Friday	Sat /Sun
煎藕片 鮪魚燒豆腐 涼拌酸泡菜	年糕排骨咖哩醬蓋飯 杏鮑菇沙拉 泡菜	麻糬吐司 水果沙拉 熱巧克力	紫蘇小年糕湯 涼拌青蔥魷魚絲 泡菜	鮮蔬培根包飯 明太魚馬鈴薯湯 水果	
醬燒鮭魚 鍋巴湯 炒櫛瓜 涼拌白菜	海藻麵疙瘩湯 醬油雞蛋 泡菜	地瓜濃湯 結頭菜沙拉	田螺大豆醬蓋飯 芙蓉嫩芽沙拉 泡菜	漬物飯捲 魚板湯 水果	
蘿蔔葉飯 炒明太魚乾 海苔綠豆涼粉	嫩豆腐清湯 牛肉蔬菜煎餅 涼拌小黃瓜	烤切糕+蜂蜜 紅柿醬沙拉 豆漿麵菜	黃豆芽湯飯 泡菜鮪魚煎餅 水果	泡菜起司飯捲 豆腐牡蠣湯 水果	
橡實凍飯 培根炒豆腐	年糕水餃牛骨湯 牡蠣煎餅 泡菜	紅豆甜湯 肉桂糖霜吐司 水果	海鮮炒飯 雞肉高麗菜沙拉 水果	泡菜鍋烏龍麵 飛魚卵飯丸 （水果）	

365天 媽媽牌愛心早餐 下

作　　　者／多紹媽咪 柳京娥
譯　　　者／林侑毅
選　　　書／陳雯琪
主　　　編／陳雯琪

行 銷 企 畫／洪沛澤
行 銷 副 理／王維君
業 務 經 理／羅越華
總 編 輯／林小鈴
發 行 人／何飛鵬
出　　　版／新手父母出版
　　　　　　城邦文化事業股份有限公司
　　　　　　台北市民生東路二段141號8樓
　　　　　　電話：（02）2500-7008　傳真：（02）2502-7676
　　　　　　E-mail：bwp.service@cite.com.tw
發　　　行／英屬蓋曼群島商家庭傳媒股份有限公司城邦分公司
　　　　　　台北市中山區民生東路二段141號11樓
　　　　　　書虫客服務專線：02-25007718；25007719
　　　　　　24小時傳真專線：02-25001990；25001991
　　　　　　讀者服務信箱 E-mail：service@readingclub.com.tw
劃撥帳號／19863813；戶名：書虫股份有限公司

香港發行／城邦（香港）出版集團有限公司
　　　　　　香港灣仔駱克道193號東超商業中心1樓
　　　　　　電話：(852)2508-6231　傳真：(852)2578-9337
　　　　　　電郵：hkcite@biznetvigator.com
馬新發行／城邦（馬新）出版集團 Cite(M) Sdn. Bhd. (458372 U)
　　　　　　11, Jalan 30D/146, Desa Tasik,
　　　　　　Sungai Besi, 57000 Kuala Lumpur, Malaysia.
　　　　　　電話：(603) 90563833　傳真：(603) 90562833

封面、版面設計／徐思文
內頁排版／陳喬尹
製版印刷／科億彩色製版印刷有限公司
初版一刷／2016年12月
定　　　價／420元

城邦讀書花園
www.cite.com.tw

I S B N　978-986-5752-48-4

엄마니까 뚝딱, 내 아이의 아침밥 by Dasomammy（다소마미）
Copyright © 2014 by Dasomammy（다소마미）
All rights reserved.
Chinese complex translation copyright © Parenting Source Press, a division of Cite Publishing Ltd.,
2016
Published by arrangement with Wisdomhouse Publishing Co., Ltd.
through LEE'S Literary Agency

Chinese complex translation copyright © Parenting Source Press, a division of Cite Publishing Ltd., 2016

國家圖書館出版品預行編目資料

365天媽媽牌愛心早餐（下）／多紹媽咪, 柳京娥著；林侑
　毅譯 . - - 初版 . - - 臺北市：新手父母, 城邦文化出
　版：家庭傳媒城邦分公司發行, 2016.12
　面；　公分

　ISBN 978-986-5752-48-4（平裝）

　1.食譜

427.1   105022777